彩图版

史前密码

SCIENCE

策划/孟凡丽　主编/袁　毅

Wuhan University Press
武汉大学出版社

这是一个神奇的科学密码世界!

无论你是想了解史前生物,还是想知道未来科技;无论你是想大开眼界看看奇人异事,还是想开发智力让大脑做个健身操;无论你是想深入野外掌握丛林法则,还是想冲出地球和外星人打个招呼……"图说科学密码丛书"都能满足你的要求!

"图说科学密码丛书"取材优中选精,选取中小学生最感兴趣的五大知识领域,从中挑出他们最感兴趣的话题,并采用可爱卡通人物逛"科学密码世界"的形式串连所有知识点,让读者犹如亲临现场,从而加深知识印象,引发读者研究科学的兴趣。

"图说科学密码丛书"还特别以解密的方式设置了小栏目,巧妙利用前面出现过的知识设计了一些有趣的问题,让读者在边读边思考的同时,激发他们的创造力、思考力和分析能力。

我们相信,在你欣赏完"图说科学密码丛书"的那一刻,你一定会由衷地发出一声感叹:科学也可以如此美妙!

　　"图说科学密码丛书"是一套专为中小学生倾力创作的科普丛书，包括《史前密码》《丛林密码》《人类密码》《头脑密码》《未来密码》五个分册。从时间纵轴上来看，"图说科学密码丛书"涵盖了史前、现在和未来三个不同的时间段；从知识横轴上来看，它又囊括了青少年最感兴趣的动物、高科技、外星人、思维训练和奇人异事等知识领域。

　　"图说科学密码丛书"是一套新意迭出的少年科普读物，它将这些最有意思的知识用通俗生动的语言向读者层层铺开；同时它以主人公逛"科学密码世界"的形式把各个知识点串连起来，使内容变得趣味十足。那些专业、深奥的知识不再枯燥乏味，而是变成了一件件很有趣、很简单的事情。

　　"图说科学密码丛书"是一套体现先进编辑理念和特色的少儿读物。编辑以"科学传真、图文并解"这种少年儿童吸收科学知识最有效的方式为基础，参考先进国家的科学教育理念，培养和引导读者对科学的学习兴趣。

　　深度、广度兼具的"图说科学密码丛书"可以改变中国少年儿童"知识偏食"的习惯，是孩子课余时间的最佳读物。

　　A城开了个叫"迷雾重重"的3D 史前博物馆，听说那里使用最新的3D科学技术让史前生物都"复活"了呢！

　　这不，对什么都充满好奇的小学生朵朵趁着周末放假，一定要拉上爸爸去3D史前博物馆参观。

　　爸爸不愧是最厉害的生物学家。在路上，他就已经为朵朵讲解了一些史前生物知识呢。

　　最初的地球是没有生命的，过了很久很久，地球上的海洋中才有了简单的细菌和微生物。

　　又过了很久很久，"看得见的生物"才出现在地球上。

　　再后来，地球迎来了史前生命的繁荣期。天空中翱翔的翼龙、地上横行的恐龙、海中徜徉的鱼龙，好不热闹！

　　随着恐龙的灭绝，哺乳动物开始迅速繁衍。剑齿虎、猛犸象，全是这一时期的代表。史前末期，原始的人类也出现了。

　　"爸爸，史前还有哪些动植物呢？"朵朵问道。

　　"这个问题你到史前博物馆里找答案吧。"爸爸笑着说。

　　朵朵一抬头，才发现他们已经走到3D史前博物馆门口了。

目录 Contents

1 生命的萌芽

2 生命的成长

3 生命的繁荣

4 生命的延续

第一章
Chapter One
生命的萌芽

　　来到了博物馆，朵朵拉着爸爸赶忙跑到第一个展厅——"生命的萌芽"。这个展厅不仅会为大家揭开地球起源的秘密，还会让大家看到最早出现在地球上的生物的真实面貌。

生命的开端——地球诞生记

> 爸爸，我们不是要去看史前生命吗？怎么现在看到的是一个大地球啊？
>
> 因为所有的生命都是诞生在地球上，要看生命的起源，当然要先了解地球啦。

▌▶ 地球的诞生

大约在46亿年前，由于太阳星云的运动，地球的雏形慢慢出现。经过漫长的时间，地球的体积不断变大，同时温度也不断升高，并且有了火山。通过火山喷发，地球形成了原始的水圈和大气圈，而水和空气正是孕育生命的必要条件。

❚➡ 古人眼中的地球

古时候的人类不知道地球的真实模样，如我国古代人认为"天圆如张盖，地方如棋局"；古代埃及人则认为天像一块穹窿形的天花板，地像一个方盒；古代俄罗斯人却认为，大地像一块盾牌，由三条巨鲸用背驮着，漂游在茫茫的海洋里；古印度人认为驮着大地的是站在海龟背上的三头大象，大象动一动，便引起地震。

❚➡ 揭开地球的神秘面纱

后来随着科学的不断发展，人们才解开了地球的神秘面纱——地球是一个不规则球体，它整体呈蓝色，是太阳系中由内到外的第三颗行星。地球的核心温度甚至比太阳光球表面温度还要高呢。地球还是行星中唯一一颗表面存在液态水和大气的星球哦。

爸爸，地球上从它诞生的时候起就有人了吗？

在人类出现之前，地球历经了漫长的岁月。说到那个漫长的岁月，就一定要说说太古宙和元古宙。

太古宙与元古宙——遥远的时空

太古宙与元古宙离现在究竟有多遥远呢？

太古宙

太古宙离我们现在非常遥远，距今天大概有38亿年到25亿年。那时，正处于原始生命出现及生物演化的初级阶段。细菌和低等蓝藻留下的极少的化石纪录向人们证明了那时低等生命正在萌芽。

➠ 丰富的矿产资源

太古宙形成了很丰富的矿产，主要有铁、金、铜、锌和一些非金属矿产等。以我国为例，我国鞍山、本溪、冀东、吕梁等地的大铁矿，吉南、辽西、冀东、秦岭等地的金矿，都是产生于太古宙岩石层中的。

➠ 元古宙

元古宙指的是距今约25亿年到5.42亿年的一段时期，历经19亿年之久。那时也是一个重要的成矿期，主要形成的矿产有铁、金、铀、锰、铜、硼、磷等。

➠ 海洋孕育的生命

元古宙时期，藻类和细菌开始繁盛，最老的真核细胞生物是在中国北部发现的属于16亿年～17亿年前的丘阿尔藻的化石，在元古宙晚期的地质层中，古生物学家偶尔还会发现无脊椎动物的化石。这些生命几乎都是在海洋中孕育的，难道说生命起源于水中？

最初的生命——来自水中

> 咦，不是说最早的生命都是从海洋中孕育的吗？我怎么什么也看不到呢？

▶ 看不见的生命体

大约在34亿年前，地球上最初产生的单细胞动物原核生物出现了。它们大多生在水中，并且能在水里进行呼吸。但因为它们极小，我们用肉眼是看不到的，只有通过显微镜才能观察到它们的真实面貌。

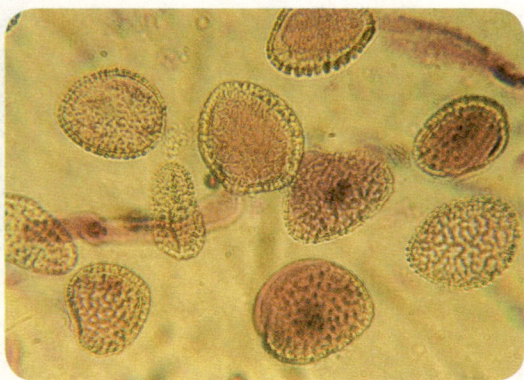

▶ 最古老的细菌化石

32亿年前的非洲南部是一片海洋，就在这里的记录下海洋痕迹的岩石层中，古生物学家发现了最古老的细菌化石——单独曙细菌化石。单独曙细菌是一种结构原始的单细胞生物，它

们形成的化石非常脆弱且易碎，因此能够保存到今天实在是不容易。

❱❱➡ 热闹的海洋

距今约6亿年前，陆地上还是一片萧索，海洋中却很是热闹，因为这时候的海洋中已经有浮游生物、古杯海绵和腔肠动物了。而且，这时期海洋的颜色色彩斑斓，因为蓝藻、红藻和绿藻等藻类的出现，使得海洋的颜色鲜艳极了。

哇，原来藻类会给海洋梳妆打扮呀！这真是太神奇了，爸爸，多给我讲一些关于藻类生物的知识吧！

藻类——最早的生物体之一

藻类对地球上的生命体来说，意味着什么呢？

➡ 藻类时代

距今约32亿年前，原始海洋里已经出现了简单藻类的单细胞生物。所以，在某种程度上，人们通常把距今约8亿年至5.7亿年的震旦纪称为藻类时代。这一时期的藻类生物广布海洋，它们的出现预示着生命大繁荣时期即将到来。而至今还广泛生活的蓝藻，仍然保留着原始状态。

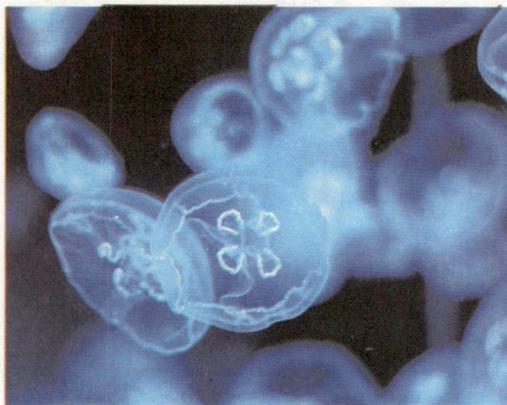

⮞ 蓝藻的色素

蓝藻得名的原因是因为它含有一种特殊的蓝色色素。其实蓝藻也不全是蓝色的，不同的蓝藻含有不同的色素，有的含叶绿素，有的含有蓝藻藻蓝素，也有的含有蓝藻藻红素。例如，红海就是由于水中含有大量蓝藻藻红素，使海水呈现出红色。

⮞ 蓝藻出现的意义

很少有人知道，蓝藻的出现，几乎是一件和生命出现同等重要的大事。因为蓝藻居然能够吸收阳光，并且可以利用太阳能把溶解在海水里的化学物质变成食物。蓝藻的细胞里还含有叶绿素，能够进行光合作用，释放出生命所需的氧气。

蓝藻出现的意义虽然重大，但令人担忧的是一些蓝藻能产生毒素，这种毒素对鱼类、人类会产生危害，所以现在很多国家都在抓紧对蓝藻的治理工作。

化石——沉默的记叙者

咦，这块石头好奇怪啊，上面好像有什么东西。这是什么啊？

化石的意义

对"化石"这个词你一定不陌生吧。其实化石就是存留在岩石中的古生物遗体或遗迹，我们最常见的化石有古生物骸骨和贝壳等。古生物学家们通过研究化石可以了解生物是怎样演变的，并且可以为确定地层年代提供参考。化石虽然无法言语，却可以无声地记录下很多珍贵的历史。

⇒ 足迹化石

在化石的世界里，有一类化石并不是保存了古生物的遗体，而是保存了古生物的足迹。这些足迹化石不仅能表明生物的类型，而且还能提供有关当时生物生存环境的资料。

⇒ 特殊的化石——琥珀

说到化石，有一种特殊的化石不能不提，那就是琥珀。很久很久以前，一只小昆虫无意中飞到一棵松树上。忽然，一滴松脂落下，瞬间将小昆虫包裹起来，小昆虫无法动弹。松脂慢慢凝固，最终形成一个块状物。很多年以后，这个块状物被人发现，它就是琥珀。

朵朵快看，这就是琥珀。

哇！太漂亮了！爸爸，里面的小虫子好像还活着呢！

史前密码

　　朵朵的爸爸是一名生物学家，他前一段时间受邀加入一个研究小组，这个研究小组主要任务是研究一种史前动物的大小和重量。现在研究小组遇到了一个大难题，虽然研究小组发现了这种动物的足迹化石，并且已经推测出了它的生存环境，但一直没有发现这种史前动物的遗体化石，怎样才能得知这种动物的体型和重量呢？这时，朵朵的爸爸提出了一个好主意，让探究小组的同事们感到非常佩服。

　　现在，你来开动一下脑筋，想一想朵朵的爸爸究竟提出了什么好建议让研究小组可以得出这种史前动物的大小和重量呢？

　　答案：朵朵的爸爸建议研究人员研究这种动物的足迹化石。通过研究足迹的大小、深浅等，研究人员能够获得史前动物的大小和体重的答案。

第二章
Chapter Two
生命的成长

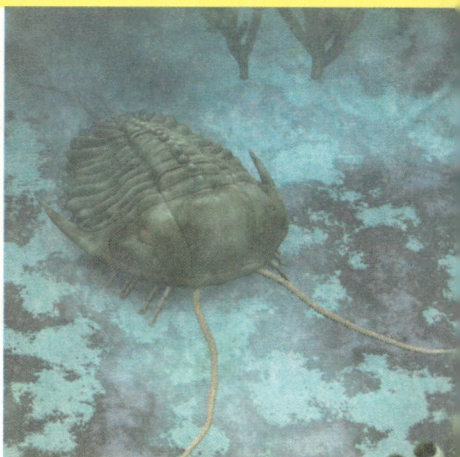

　　不知不觉，朵朵和爸爸走进了第二个展厅——"生命的成长"。在这个展厅里，三叶虫、奇虾、鱼石螈等古老生物将会为他们讲述怎样一个关于生命成长的故事呢？让我们也一起去瞧瞧吧。

显生宙——看得见生物的年代

朵朵，地球上生命的成长期就是从这里开始的，一定要看仔细哦。

▌▶ 显生宙的特点

显生宙，也就是从5.7亿年直到现在。在显生宙初期，地球上的生物逐渐向较高级的生物状态发展进化，这时候的动物不再只具备简单的细胞组织，它们已具有外壳和清晰的骨骼结构，所以显生宙也被称为"看得见生物的年代"。

▌➤ 生物进化事件

显生宙是一个很重要的时期，因为在这一时期发生了很多重要的生物进化事件，其中主要有：多细胞的动植物出现。这时的地球已经不再是细菌和藻类植物的天下，新种类动植物的出现，为地球增加了更多生命的气息。

▌➤ 地质演化

显生宙时期，地球的地质演化非常重要。拿中国来说，显生宙初期，大半中国其实都淹在海中，在经过了漫长的时间后，中国的大部分地区慢慢抬升，成为陆地，最终在三叠纪与另外一块大陆相撞，形成一个联合古陆——盘古大陆，但后来，盘古大陆开始分裂，并逐渐移动到今天的位置。

> 原来显生宙的地球上发生过那么多重要的事情啊！爸爸，我现在对史前的事情可是越来越有兴趣了！

三叶虫——遥远的海洋低语

爸爸，这个虫子看起来很像甲虫呀，它有什么特别之处吗？

小议三叶虫

我们千万不能小看三叶虫，它可是最有代表性的远古动物。大约在距今5.6亿年前的寒武纪它就已经出现了，2.4亿年前才完全灭绝，它在地球上前后生存了3.2亿多年，可见它是一类生命力极强的生物。在漫长的时间里，三叶虫演化出繁多的种类，有的居然长达70厘米，有的却只有2毫米。

⇒ 三叶虫的眼睛

多数三叶虫有眼睛，三叶虫的眼睛是由方解石（即碳酸钙）组成的。方解石组成一个内部的复合结构，这个结构可以为三叶虫提供极好的视觉效果。三叶虫的眼睛是复眼，每只复眼内的折射成像的透镜数不等，有些只有一个，有些可达上千个。复眼中的透镜一般排列为六边形。

⇒ 生活习性

三叶虫与珊瑚、海百合等动物共生。它们大多适应于在浅海底栖息爬行或以半游泳的方式生活，当然，还有一些三叶虫可以在海洋中游泳或漂浮生活。三叶虫以原生动物、海绵动物、腔肠动物、腕足动物的尸体或者海藻等细小生物为食。

▐▶ 化石的误解

因为早期的人们并不知道三叶虫的化石究竟是什么，所以出现过一些误解。例如，我国明朝时期，就有人发现了三叶虫的化石，但因为化石上的三叶虫看起来像蝙蝠展翅，所以就称之为"蝙蝠石"。而在早前的英国，人们还以为三叶虫是比目鱼的一种呢。

三叶虫虽然数量众多，而且生命力极强，但它还称不上是当时的水中霸主。当时的水中霸主是一种叫"奇虾"的海洋动物。

奇虾——凶猛的捕食者

爸爸，这个奇虾比我们平时吃的大龙虾要大得多啊！而且它看起来真可怕。

⇒ 奇虾简介

奇虾是一种已经灭绝的大型无脊椎动物，在中国、美国、加拿大、波兰及澳洲的寒武纪沉积岩都发现过它的化石。奇虾的化石表明这种动物的口中居然有十几排牙齿，并且直径达到了25厘米！古生物学家由此推测，奇虾体长很有可能超过2米，所以它也是已知最庞大的寒武纪动物。

▌➡ 猎食者

在大约5.3亿年前的海洋中，最凶猛的猎食者莫过于奇虾了，它号称"海中巨无霸"。奇虾虽然不怎么擅长行走，却能快速游泳。它那直径长达25厘米的巨口足以让当时任何大型水中生物都成为它的午餐，而且它的口中还长有环状排列的牙齿，这些牙齿对那些有"铠甲"保护的动物也构成了重大威胁。

▌➡ 食物链顶层

众所周知，奇虾是一种攻击能力很强的食肉动物，它最大可达2米以上，而当时其他大多数动物平均只有几毫米到几厘米。这种得天独厚的身体条件使它理所当然地成为了位于寒武纪食物链顶端的动物。

▌➡ 消失的原因

关于奇虾消失的原因，古生物界有一些结论，古生物学家经过研究认为是新物种将奇虾淘汰了。新物种的侵入，使奇虾的食物来源减少，越来越恶劣的环境也使奇虾的生存受到威胁，并且因为奇虾是最早的生物体之一，所以它的智力低下，无法适应新的生存环境，最终导致了灭绝。

我国发现奇虾化石的澄江，是一个举世闻名的化石宝库。考古学家在这里发现了很多属于早期寒武纪动物群的动物化石。

欧巴宾海蝎——虾类的怪异远亲

这是什么？和我们平时见到的虾好像啊！

虾类的远亲

　　欧巴宾海蝎是寒武纪的远古动物。寒武纪时地球上曾出现了一次物种大爆发，许多新的物种出现，是地球历史上最早有丰富动物化石记录的时代。欧巴宾海蝎是如此怪异，以致科学家推测其也许是虾类的远亲，也有人说它们也许和现代存活的任何生物都无关。

■➤ 史前怪异动物

欧巴宾海蝎看起来很像是科幻电影中的怪异动物，长约1.2米。它们利用14对像桨一样的腮来游泳。最奇怪之处还在于它们的头部。欧巴宾海蝎头上顶着5只带柄的眼睛，并伸出象鼻状的嘴巴，在这些眼睛的前端还有一个柔软的长嘴，而且在嘴的顶端还长有一个爪子。

朵朵，看来欧巴宾海蝎是我们平时吃的虾的远亲呢，哈哈。

石爪兽——"四不像"的素食动物

它长得好奇特啊！怪不得说它"四不像"。

名字的由来

石爪兽大约生活在中新世时期的北美洲中部和南部地区，属于奇蹄目下的爪兽亚目，大型石爪兽体重约130多千克。它们的体形与现代的马有点相似。石爪兽脚上有爪，形状像石块，所以叫它石爪兽。

▌➡ "四不像"

石爪兽是完全的植食动物，爪子可能用来挖掘植物块茎或自卫。和其他爪兽亚目成员一样，它们的长相很奇特，就好像是由不同动物拼凑而成的。它们头部很像马，脖子像长颈鹿，而身体则更像熊。

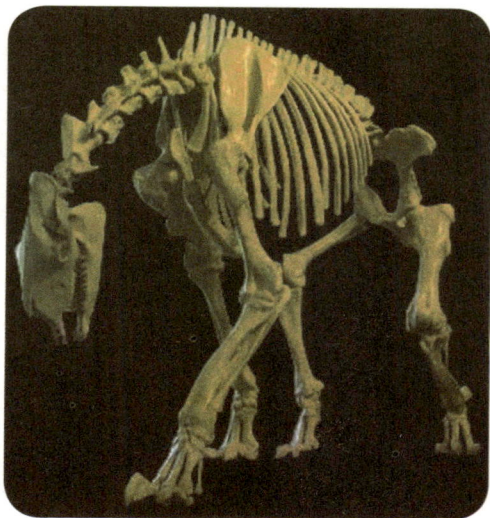

▌➡ 素食动物

石爪兽走路虽然有些迟缓笨拙，但因为有宽大的后脚和略有高度的爪子，它们的行走很顺畅，走路可能呈内八字形态，也可以用后脚支撑直立起来去吃高树上的叶子。它们的前肢比后肢长，背部向臀腰部倾斜而下，低齿冠，臼齿大，前臼齿小，可能更适合吃植物的块茎。

> 朵朵，史前的动物真有趣，我们再看看还有什么奇特的动物吧。

游走鲸（陆行鲸）——水陆两地活动的鲸

朵朵，你知道吗？史前有一种鲸还可以在陆地上行走呢。

水陆两地活动的鲸

游走鲸是一种早期的鲸鱼，可以行走及游泳，是一种半水生的哺乳动物。游走鲸的化石在巴基斯坦附近被发现，这个地带在始新世时期是欧洲大森林的边缘。

▌➡ 游走鲸的外表

游走鲸大约长3.7米，看起来像水獭与鳄鱼的合体。它的头大，嘴巴突出，眼睛位于头部背侧面。头和颈部的肌肉强大，其突出的牙齿用来捕食鱼类。

▌➡ 早期的鲸鱼

游走鲸没有外耳。它会将头贴近地面感受振动，用来追踪猎物。科学家认为游走鲸是早期的鲸鱼，原因是它有类似的水中特性，包括鼻子有潜入水中的适应性，而其围耳骨的结构像鲸鱼一样可以在水中听声音。另外，它的牙齿也与鲸鱼的牙齿相似。

史前的游走鲸好神奇啊！它们有点像现在的鳄鱼呢。

海口虫——生物进化的代表

这条不起眼的小虫子就是最早的脊椎动物。朵朵，你知道它有什么独特之处吗？

灾难掩盖下的海口虫

离昆明市东南50千米远的澄江县有个特别地层，5亿2千万年前，那儿是一片温暖浅海，但不知为什么，大约每隔一百年，附近就会发生灾难。只要灾难一来，大量细粉沙就会快速地把住在浅海里的生物掩埋下来，许多生物还来不及被细菌腐化，就被压成扁扁的化石，海口虫就是被灾难所掩埋的生物之一。

■▶ 名字的由来

虽然在澄江县发现过海口虫的化石，但是海口虫的名字是来自于另一个地方。在著名的云南滇池旁有一个名叫海口的小镇，考古学家们在一处不到4平方米的范围内，找到300多条史前小虫子的化石，因为发现的数量非常多，所以将其取名为海口虫。

■▶ 生物演化的重要角色

我们人类的祖先没有选择坚硬的盔甲，反而长出背部的脊柱以便弹性地应对这个世界；又因为舍弃盔甲选择智能，所以长出大脑来。脊柱与大脑，成为无脊椎动物与有脊椎动物的最大区别，而海口虫兼具脊柱和盔甲，所以它被认为是生物演化过程中一个非常重要的环节，也是无脊椎动物演化成脊椎动物的典型过渡代表。

海口虫虽然对研究古生物有着重要作用，但是跟它同一时期的鹦鹉螺也是不能忽视的，鹦鹉螺可是被人们称作"海洋中的活化石"呢。

鹦鹉螺——海洋中的活化石

这个长得好漂亮的生物就是鹦鹉螺吗?

➡ 名字的由来

4.6亿年前的海洋中,鹦鹉螺就已经出现了,但是现在它仅存于印度洋和太平洋中。鹦鹉螺的壳薄而轻,呈螺旋形盘卷,壳的表面呈白色或者乳白色,生长纹从壳的脐部辐射而出,平滑细密。由于它的螺旋形外壳光滑如圆盘状,形似鹦鹉嘴,所以得名"鹦鹉螺"。

⫸ 奇妙的身体构造

鹦鹉螺的身体构造比较奇妙，它有近于脊椎动物水平的发达的脑，并且循环系统和神经系统也很发达，但是眼部构造简单。而且鹦鹉螺分别有4个鳃和肾，它的心脏、卵巢、胃等器官生长在靠近螺壁的地方。

⫸ 顶级掠食者

在4.6亿年前的海洋里，鹦鹉螺完全称得上是顶级掠食者。它的身长可达11米，主要以三叶虫等海洋生物为食。在那个海洋无脊椎动物鼎盛的时代，它以庞大的体型、灵敏的嗅觉和凶猛的嘴喙称霸海洋。

海洋中的活化石

　　鹦鹉螺虽然在地球上经历了数亿年的演变，但是鹦鹉螺的外形、习性等方面变化很小，所以它被称为"海洋中的活化石"。鹦鹉螺常在近海底处游动，觅食虾类。古生物学家凭借它的生存环境可以断定地层的年代，所以研究鹦鹉螺对生物进化和古生物学等方面具有很高的价值。

　　虽然这时候的鹦鹉螺被称为海洋霸主，但是它的霸主地位很快被身穿铠甲的盾皮鱼取代了。

盾皮鱼——身着铠甲

咦，这条鱼的身上好像有坚硬的外壳，我们平时见到的小鱼的身上不都是只有鳞片吗？

➡ 盾皮鱼的生存

盾皮鱼生活在距今4亿年～3.6亿年前的泥盆纪，相对于之前生存很久的海洋动物，它只在地球上生存了4000万年。盾皮鱼一般在海里生存，但是也有少数种类生活在淡水中。例如，最早的盾皮鱼化石就是在淡水沉积物中发现的。

身着铠甲

鱼类最早期的一支，就是盾皮鱼。也许你会疑惑，会有穿着盔甲的鱼吗？的确是有的，盾皮鱼的头部被许多骨质的甲片包裹着，用来防备敌人的进攻。不仅如此，盾皮鱼的胸部也装备了甲片，躯体的后部覆盖着鳞片，浑身上下武装得严严实实，让敌人无从下口。

进化的盾皮鱼

早期的盾皮鱼不善游泳，但是在进化过程中，许多盾皮鱼种类变得适应水底生活。古生物学家曾在盾皮鱼的近亲的化石中看到肺和鳃并存，这很有可能是盾皮鱼为了适应当时缺氧的淡水生活环境进化出来的。盾皮鱼很可能以水底杂物和无脊椎动物为食，因为在一种盾皮鱼化石的胃里发现了小鱼。

▌▶ 恐鱼

　　盾皮鱼类中最显赫的一族叫恐鱼。生活在寒武纪早期的奇虾，虽然在海洋中称王称霸，但也只能欺负寒武纪时期体型不大的软体动物。而在泥盆纪晚期出现的恐鱼，单单是它头胸甲的尺寸，就超过了奇虾的身材，所以恐鱼理所当然地成为了继奇虾之后的海洋霸主，与它同时期出现的莫氏鱼经常会成为它的腹中餐。

> 盾皮鱼真不听话，它欺负莫氏鱼！

> 哈哈，这就是海洋中的生存法则呀。走，我们去看看莫氏鱼。

莫式鱼——像鱼一般的原始脊椎动物

你看，现在正在欢快游着的就是莫氏鱼。朵朵，要仔细观察哦。

▶ 发现背景

在4亿年前的海洋里，生活着一种叫莫氏鱼的无颌鱼。1946年，古生物学家在苏格兰近海岸的志留利亚纪后期的地层中发现了莫氏鱼的化石，认为它属于脊椎动物门圆口类的化石动物，是近于八目鳗或其同类的祖先。

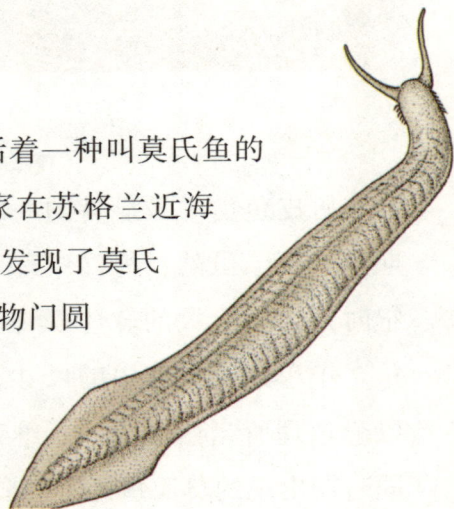

▶ 莫氏鱼的样貌

莫氏鱼算是一种样子像鱼的非常原始的脊椎动物。它的身体细长呈管状，并且没有上下颌，只在身体的前端有一个吸盘状的口用来进食；眼睛后面、头部两侧各有一排圆形的鳃孔；还有分成上下两叶的尾鳍。它的样子与今天的鱼类已经没有太大的区别。

▌➡ 莫氏鱼与它的近亲

看着眼前莫氏鱼在海中游玩的3D影像，爸爸告诉朵朵："莫氏鱼和现在仍然生活在海中的七鳃鳗有很多相似之处，也和我国二类重点保护动物文昌鱼长得非常像。"经过爸爸这么一解释，朵朵对莫氏鱼有了更多的了解。

莫氏鱼虽然很了不起，但是在它之后出现的鱼石螈更有意思，因为它居然兼有鱼类和两栖类动物的特性呢。

爸爸，那赶快带我去认识鱼石螈吧！

史前密码

　　朵朵班里号称"小博士"的小书呆和朵朵争论，小书呆认为只有像苍蝇、蜻蜓这样的现代生物才有复眼，但是朵朵很不服气，因为她和爸爸前几天去了A城新开的3D史前博物馆，爸爸告诉她有一种史前动物的眼睛和苍蝇很像。小书呆不相信朵朵说的，一个人跑去3D史前博物馆参观。第二天来到学校，小书呆向朵朵道歉，因为他在第二个展馆看到了朵朵所说的那种史前生物。

　　那么那种生物到底是什么呢？寻找书中的蛛丝马迹，好好想想吧。

　　答案：三叶虫，生活在远古时代的三叶虫的眼睛是典型的复眼。

鱼石螈——原始两栖动物

爸爸，这就是鱼石螈吗？它看起来和娃娃鱼很像呀。

哈哈，它们有很多不同之处呢。

▌➡ 奇妙的鱼石螈

鱼石螈化石的发现，让两栖动物发展史有了重大突破。鱼石螈身长大约1米，它同时拥有鱼类和两栖类动物的特性。它的身体表面披着小鳞片，并且还长着一条鱼形的尾鳍。如果光看尾巴，鱼石螈更像鱼，但是和鱼不同的是它已经能够在陆地上爬行，并能用肺直接从空气中获取氧气。

⇒ 鱼石螈登陆

虽然鱼石螈的身体结构并不像现在的两栖动物那么完善。例如，它并不能进行真正意义上的"爬行"，而是在"拖着脚"行走。尽管如此，鱼石螈相较于鱼类而言，它的身体特征足以说明它已进入了一个生物演化发展的新阶段，并且成为最早登上陆地的脊椎动物。

⇒ 鱼石螈的昵称

说起鱼石螈，它还有一个可爱的昵称呢。1929年，瑞典地质学家库霖博士在格陵兰岛科考活动中采集到了一批鱼石螈化石。这种史前生物的发现在国际学术界中引起了人们的极大兴趣，丹麦的媒体因为它的样子奇特就亲切地称它为"四足鱼"。

虽然鱼石螈看起来和娃娃鱼像，但是它比娃娃鱼早存在于地球上6000多万年。让我们去下一个展厅看看吧。

第三章
Chapter Three
生命的繁荣

朵朵和爸爸来到了第三个展厅——"生命的繁荣"。这里的人可真多啊！听说这里可以见证史前时代最繁荣的景象，甚至能看到奔跑而过的霸王龙呢！光是想想就让人激动啊，话不多说，我们和朵朵一起去看看这些史前生物吧。

菊石——海底旅行家

这就是菊石吗？怎么看起来和鹦鹉螺长得好像呢？

名字的由来

菊石是已经灭绝的海生无脊椎动物，它出现于4亿年前，在距今约6500万年的白垩纪末期灭绝。之所以被称为"菊石"，是因为它的表面具有类似菊花的线纹。

▶ 壁壳在"说话"

　　古生物学家们可以通过对菊石化石的壁壳的厚薄，以及壳形和壳外表装饰的不同而研究出它们不同的生活习性，例如：壳壁较厚和具有粗糙壳饰的菊石种类是较不喜欢活动的；壳壁较薄、表面平滑和具有尖饼状壳形的菊石是喜欢活动、并且栖居于较深水体的种类。

▶ 菊石与鹦鹉螺

　　菊石是由鹦鹉螺进化而来的。它的运动器官在头部。它的体外有一个硬壳，与鹦鹉螺的形状相似。菊石类壳体的大小差别很大，一般的壳只有几厘米或者几十厘米，最小的仅有1厘米，最大的比从前农村的大磨盘还要大，可以达到两米长。

　　你看那边，就在菊石畅游于深海之中时，有一种两栖动物已经爬上了岸，并且生存至今，它就是娃娃鱼。

娃娃鱼——最珍贵的两栖动物

娃娃鱼看起来很可爱啊，爸爸，我能摸一摸它吗？

这可不行，娃娃鱼可是很凶猛的动物呢！

最大的两栖动物

娃娃鱼的学名叫"大鲵"，因为它的叫声很像婴儿的哭泣，所以人们习惯称它为"娃娃鱼"。它是世界上现存最大的也是最珍贵的两栖动物，全长可达1米以上，体重最重的可以超过50千克。它的外形有点像蜥蜴，只是比蜥蜴更肥壮扁平。

⮕ 生性凶猛

娃娃鱼的名字虽然听起来很可爱，但它其实是生性凶猛的肉食动物，以水生动物为食。娃娃鱼一般都隐匿在山溪的石隙间，一旦发现猎物经过，便会突然袭击。因为娃娃鱼口中的牙齿又尖又密，所以猎物进入它的口中就很难逃掉，但它的牙齿不能咀嚼食物，它只能张口将食物囫囵吞下，然后在胃里慢慢消化。

⮕ 奇特的生存本领

科学研究表明：娃娃鱼的生存本领很奇特。例如，娃娃鱼小的时候用鳃呼吸，长大后却用肺呼吸；而且它还有很强的耐饥饿本领，在清凉的水中，就算两三年不进食它也不会饿死；它同时也能暴食，饱餐一顿可以增加原体重1/5的重量；在食物缺乏的时候，娃娃鱼之间还会出现同类相残的现象，它们甚至会吞食自己的卵充饥。

▌➡ 濒危的娃娃鱼

　　由于娃娃鱼的肉嫩味鲜，所以长期以来一直遭到人们的大量捕杀，导致娃娃鱼的数量减少，现在更因为人类的大肆开发，使娃娃鱼失去了自己的家园。目前娃娃鱼这一种珍贵古老的野生动物正因为人类的所作所为而处于濒危状态。

　　娃娃鱼虽然是最大的两栖动物，但是和与它几乎生活在同一时期的哺乳动物异齿兽相比，娃娃鱼算是个小家伙呢。

异齿兽——凶猛的哺乳动物

爸爸，为什么这个动物的脊背上张起了一张大帆呢？

身形巨大

看着异齿兽的样子，你是不是觉得它长得很像恐龙呢？其实异齿兽要比恐龙的出现早得多，而且它并不属于恐龙一族，而是哺乳动物的祖先。异齿兽身形巨大，体长可以达到3.5米，体重可以达到350千克呢！

怪异的牙齿

光看异齿兽的名字，你应该就知道它的牙齿一定大有文章。让人意想不到的是异齿兽并不是长着多么怪异的牙齿，而是它的口中同时拥有三种不同类型的牙齿。这三种牙齿的作用至今让古生物学家们摸不着头脑，他们实在想不出异齿兽长着三种牙齿究竟有什么用。

奇特的相貌

第一眼看到异齿兽，你一定会被它脊背上高大的背帆所吸引，因为它那高耸的脊骨撑出巨大的扇形的背帆是那么特别。其实异齿兽的背帆有着特殊的作用，异齿兽可以利用它来调节体温。

异齿兽在那时候的陆地上算得上是庞然大物，与它同期生存在海中的鱼龙也是大型的海栖爬行动物呢。

Password

史前密码

下面两张图上的动物都是在史前出现的，它们分别是鱼石螈和娃娃鱼，但是因为它们长得很像，所以朵朵有些分不清它们谁是谁，你能不能帮朵朵辨认下究竟哪个是鱼石螈哪个是娃娃鱼呢？

A

B

答案：A图是娃娃鱼，B图是鱼石螈。

鱼龙——大型海栖爬行动物

这就是鱼龙吗？看起来和海豚有点像呢。

了解鱼龙

鱼龙是最为人所了解的海洋爬行动物之一。它出现于约2.5亿年前，体型与海豚极为相似，流线型的头让它十分适合游泳。鱼龙的游泳速度快得惊人，时速可达40千米。鱼龙的口鼻部又窄又长，嘴巴里长有尖利的小牙，可以抓住鱿鱼或其他滑溜溜的海洋动物。

玛丽与鱼龙

英国的一个叫玛丽的12岁小女孩发现了第一具鱼龙的骨架。1811年的一天，玛丽发现了一具奇怪动物的骨骼化石，它看起来好像是一具曾生活在海洋中的古代爬行动物的化石。后来古生物学家们把这些发现的骨骼化石拼在一起后才知道这是一具在2亿年已经灭绝的鱼龙的化石。

鱼龙公墓

古生物学家们在德国的霍耳茨马登附近发现了300多具鱼龙的骨骼化石。除了数量众多的鱼龙骨骼和皮肤化石外，还意外地找到了一些腹中带有幼体鱼龙的雌性鱼龙骨架化石。由于发现的数量多，所以古生物学家们也把德国的霍耳茨马登称为"鱼龙公墓"。

中国与鱼龙的不解之缘

我国对于鱼龙化石的发现和研究虽然都比较晚，但是与鱼龙也有不解之缘。第一件鱼龙化石是1964年被命名的茅台混鱼龙；1964年在西藏定日地区发现了鱼龙化石；1966年，在聂拉木县土隆地区发现的大型的鱼龙化石被命名为西藏喜马拉雅鱼龙；1965年，安徽巢县三叠纪早期地层中发现了一具小型的鱼龙化石——龟山巢湖龙。

鱼龙虽然在那个遥远的年代被称作是最高级的水生食肉动物，但是在白垩纪，它们却被蛇颈龙取代了霸主地位。

蛇颈龙——海洋霸主

爸爸，蛇颈龙的脖子怎么这么长啊？

奇特的外形

蛇颈龙的外形像一条蛇穿过一个乌龟壳。它的脑袋小，脖子长，身体像乌龟，尾巴短；头虽然偏小，但嘴巴很大，嘴里长有很多细长的锥形牙齿。蛇颈龙主要靠捕鱼为生。古生物学家根据蛇颈龙它们脖子的长短将它们分为长颈型蛇颈龙和短颈型蛇颈龙两类。

▌➡ 长颈型蛇颈龙与短颈型蛇颈龙

长颈型蛇颈龙的脖子极度伸长，活像一条蛇，而且它的脖子伸缩自如，可以捕获很远处的食物。短颈型蛇颈龙的脖子较短，身体粗壮，有长长的嘴，头部较大，鳍脚大而有力，适于游泳。

▌➡ 蛇颈龙的食谱

从前人们一直认为蛇颈龙在海洋中主要以鱼、鱿鱼和其他游水动物作为食物，但是后来在蛇颈龙的化石中竟发现它的肠胃中残留着蛤蜊、螃蟹和其他海底贝类动物的尸体。这证明蛇颈龙的食谱比人们想象的更为广泛，它不仅仅局限于猎食游水鱼类，还可以利用长长的脖颈伸到海底寻觅各种贝壳类、软体类动物。

▌➡ 胃石的秘密

古生物学家们曾在蛇颈龙的胃中发现了数量不等的磨光鹅卵石，这种磨光鹅卵石被称为胃石。一些科学家们认为蛇颈龙很有可能为了使自己在水中游动方便而吞下石头来增加体重。还有一种说法是蛇颈龙体内胃石的主要作用可能是帮助它消化食物。这两种观点现在普遍被生物界所接受。

就在蛇颈龙在海底为所欲为时，即将掌控地球霸主地位的恐龙出现了，它就是恐龙家族的始祖——始盗龙。

始盗龙——最早的恐龙

这就是最早的恐龙始盗龙吗？它怎么看起来这么不起眼啊？

恐龙家族的开拓者

别看始盗龙长得只有现在的中型犬一般大小，可它的来头大着呢。这个家伙可能是迄今为止已知的最原始的恐龙，可以说是当之无愧的恐龙家族的开拓者！

▶ 灵活的猎杀者

　　始盗龙虽然身材娇小，但它完全算得上是早期食肉恐龙中的佼佼者。始盗龙的身形轻盈矫健，能够进行急速猎杀。它还拥有善于捕抓猎物的爪子，其爪子很大，适宜抓握。因此行动灵活而迅速的始盗龙有能力捕抓并干掉和它的体型差不多大小的猎物。

▌▶ 偶然发现的化石

　　始盗龙的发现纯属偶然，当时挖掘小组在一堆弃置路边的乱石块中居然发现了一个近乎完整的头骨化石！于是他们趁热打铁，对废石堆一带反复"扫荡"。没过多久，一具很完整的恐龙骨骼呈现在他们面前，更令人惊喜的是这一品种的恐龙他们从没有见过。就这样，迄今为止最古老的恐龙，也就是始盗龙被发现了，2亿3千多万年前，它就生活在阿根廷这片土地上。

中华龙鸟——穿着绒毛衣服的家伙

这个身形小巧，身上覆盖着一层原始绒毛的家伙是谁啊？

它就是来自我国辽宁省的中华龙鸟。

▌➡ 是龙还是鸟

中华龙鸟的骨架不是很大，只有1米左右。它的前肢粗短，但是爪钩锐利，后腿较长，很适合奔跑。最特殊的是它的全身还披覆着一层原始绒毛。因为这些绒毛很像最早的羽毛，所以开始的时候人们以为它是一种原始鸟类，后来经科学家证实，它其实是一种小型肉食性恐龙。所以，中华龙鸟其实是恐龙。

▌➡ 长长的尾巴

别看中华龙鸟的个头不大，但是尾巴相当长。它的尾巴的长度几乎是躯干长度的两倍半。你能想象出一只小巧的中华龙鸟拖着它长长的尾巴奔驰在白垩纪早期大地上的画面吗？

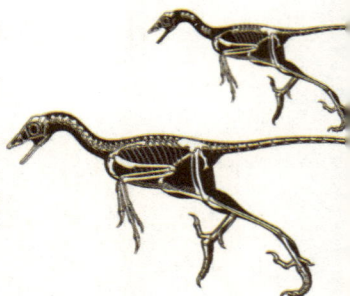

▌➡ 漂亮的中华龙鸟

科学家们猜测中华龙鸟的头、脖子、后背以及尾巴上都长着鬃毛，形成斑纹。而它的全身覆盖着黄褐色和橙色相间的绒毛，尾巴则是橙白两色相间的。这样的斑纹和色彩结合，看来中华龙鸟还真算得上是漂亮的恐龙呢。

阿贝力龙——谜一般的恐龙

千万别招惹那边的那一只恐龙。它的凶残程度一点也不输给霸王龙，它就是阿贝力龙！

名字的由来

阿贝力龙的名字意思是"阿贝力的蜥蜴"，这是为了纪念发现第一具阿贝力龙标本的罗伯特·阿贝力。罗伯特·阿贝力是阿根廷的西波列蒂省立博物馆的馆长，也是他将阿贝力龙标本摆放在了博物馆里的。

异常有力的颌部

阿贝力龙的颅骨长得很高，而且颌部的肌肉异常有力，所以它可以迅速地咬住猎物，而猎物往往还没有反应过来就已经被它死死地咬住了。有着这样有力颌部的恐龙，当然会让别的恐龙望而生畏了。

神秘面纱

虽然阿贝力龙被发现得较早，但是它依旧是一个谜。为什么呢？因为到现在为止，阿贝力龙的化石还只是发现了一个长达1米的颅骨而已，所以科学家们到现在仍然不知道阿贝力龙究竟有多大，只盼望着有一天能尽早揭开它的神秘面纱。

包头龙——戴面具的恐龙

这是什么恐龙啊？还戴着"面具"。

无敌铠甲

铠甲是包头龙的防御用具。它那武装到脸颊的铠甲，真是让猎食者无奈极了，因为猎食者无法攻克它那坚实的铠甲。遇到攻击时，包头龙只需卧倒在地就能化险为夷，露在外面的只有谁也咬不穿的铠甲。

⇒ 尾巴的威力

前面说了包头龙的防御用具，现在来说说它的攻击力。包头龙尾巴后面几块骨头融合在一起，外面还包着一层骨质物，形成了一个巨大的尾锤。千万别小看这尾锤的威力，你要知道，连霸王龙都会恐惧这个尾锤。因为如果一只成年包头龙挥动它的尾巴，完全可以击碎霸王龙的膝盖，所以说这尾巴真是威力无比呢。

⇒ 群居的包头龙

1988年，科学家们发现了22头幼体包头龙在一起的化石。所以人们猜测，也许包头龙喜欢群居，它们和亲人朋友们一起生活，一起防范敌人。

皱褶龙——"微笑"的恐龙

这只恐龙看起来可真老啊，它的脸上布满了皱纹，年龄一定很大了吧？

其实并不是这样的，它是皱褶龙，我们觉得它有些老，那是因为它长着一张满是皱纹的脸。

➡ 奇特的骨头

你知道皱褶龙是以什么闻名于世的吗？居然是它鼻子上和两眼间的骨头。因为皱褶龙头部的两侧各有7个洞孔，这些洞孔上装饰着厚重的骨头，这些骨头让皱褶龙看起来像是头顶着什么冠饰似的，如此奇特的样子，当然要归功于它头顶的奇特的骨头了。

软弱的头部

很多恐龙都是凭借着自己坚硬的头部来攻击其他的恐龙，但是皱褶龙不是这样的。皱褶龙的头部有很多血管，而且它的颅骨宽而短，这些会使它的头部变得很脆弱，所以皱褶龙没有办法用头部来进行打斗。

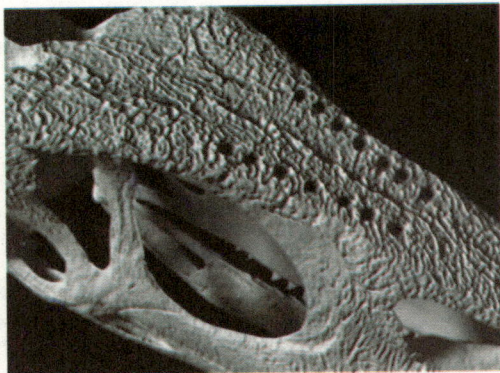

微笑的恐龙

看着皱褶龙的脸你是不是觉得它很友好呢？你可千万不要被它的外表迷惑了，它可是肉食性恐龙！看上去皱褶龙好像在笑，似乎很友好的样子，其实那只是因为它的上颌向上弯曲的缘故。

寐龙——鸭子一般大小的恐龙

嘘，这只恐龙睡着啦，不要把它吵醒。

名字最短的恐龙

寐龙的学名是Mei，单一个"寐"字。它的学名是所有恐龙中最短的，比公认的名字很短的澳洲敏迷龙（学名Minmi）以及蒙古的可汗龙（学名Khaan）还要短。

⇒ "睡美人"

科学家从未发现过呈睡姿出现的恐龙，也许当火山爆发时，有毒的气体使这只寐龙窒息而亡，于是它姿态完好地在地下保存了1.3亿年，被发现时仍蜷缩着身子，如同睡美人一般。

寐龙的标本相当完整，仍然保持着它立体的形态：后肢蜷缩在身下，面部伏在其中一只前肢之上，就好像现代的鸟儿睡觉时的姿势。

⇒ 鸭子大小的食肉恐龙

寐龙的身形很小，只有鸭子一般大小，但是很多人很奇怪为什么这么小的恐龙居然也会是肉食性恐龙。其实寐龙虽然很小，但是它的化石骨骼的特点证明了它的确是肉食性的兽脚类恐龙，所以即便是这么小的恐龙，也依旧是肉食性恐龙。

中华盗龙——用嘴当武器的恐龙

快躲起来吧，这只长着长长的脑袋，尖利的牙齿的恐龙似乎在彰显着它是一只非常凶恶的肉食性恐龙。

中华盗龙的种类

中华盗龙属下有两种恐龙——董氏中华盗龙与和平中华盗龙。董氏中华盗龙是在我国的新疆准噶尔盆地发掘的，而和平中华盗龙则在我国四川省自贡市和平乡发现的，这说明了中华盗龙曾经分布较广。

➡️ 斗争的武器

考古学家还曾在草食性恐龙的身上发现过中华盗龙留下的牙印呢。这些痕迹可以告诉我们，像中华盗龙这样的兽脚类恐龙打斗时是用嘴当武器的。中华盗龙的颅骨有1米长，因为它们是用嘴当武器，所以相互间的打斗很可能非常激烈和血腥。

➡️ 中华盗龙的近亲

侏罗纪晚期是肉食性恐龙最繁盛的时期。在我国所发现的侏罗纪晚期的肉食性恐龙除了单棘龙外还包括中华盗龙、永川龙和四川龙。后三者是一科，为中华盗龙科。所以说中华盗龙与永川龙和四川龙可以算得上是近亲呢。

恐爪龙——挥舞"镰刀"的杀手

听，一只腱龙正在惨叫！身长近10米的腱龙居然被两只3米大小的恐爪龙攻击！这是怎么一回事？

行动灵活的恐爪龙

恐龙曾经在很长时间内被认为是行动缓慢的动物，但是在20世纪70年代，科学家约翰·奥斯特罗姆教授以恐爪龙为例推翻了旧的观念。从恐爪龙的股骨、耻骨、荐骨、肠骨以及脚掌与跖骨等多个部位证明了恐龙的行动是灵活而敏捷的。

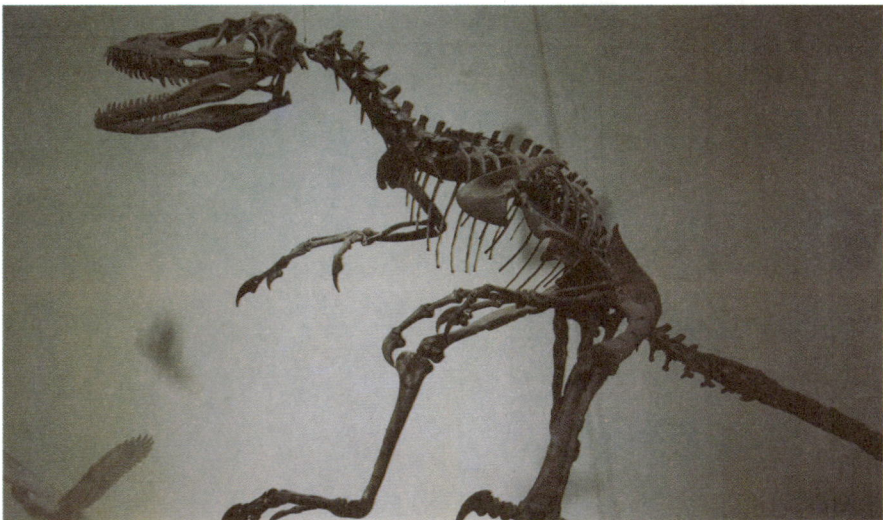

➡ 死神的镰刀

　　恐爪龙相对于同时期的恐龙来说在身材上并不占优势，但是它的身材缺陷可以依靠它的利爪来弥补。恐爪龙每只后肢的第二趾都有镰刀状的趾爪，长度约12厘米，而且这些镰刀状的利爪可以旋转300度，能轻易地在猎物的身上划出一道道深深的伤口，并最终战胜对方，可以称得上是死神的镰刀。

　　恐爪龙的武器就是它那被称为"死神的镰刀"的利爪。

翼龙——翱翔在史前天空

哇！这就是空中霸主——翼龙啊！好酷啊！

翼龙简介

翼龙生存于约2.28亿年前到6500万年前。它是第一种会飞行的脊椎动物。翼龙的翼是由皮肤、肌肉与其他软组织构成的膜。较早的翼龙种类有长而布满牙齿的颚部，以及长尾巴；较晚出现的翼龙种类有大幅缩短的尾巴，而且缺乏牙齿。

⚑ 飞行能手

翼龙是最早能够飞行的脊椎动物，但从前很多人都怀疑翼龙只是徒有虚名，充其量只能在天空滑翔。然而，最新的研究表明，翼龙大脑中处理平衡信息的神经组织相当发达，所以这直接证明了翼龙不仅能像鸟类一样飞翔，而且很可能是飞行能手。

⚑ 骨骼特征

翼龙是一类非常特殊的爬行动物。为了适应飞翔的需要，它具有许多类似鸟类的骨骼特征，如头骨多孔，骨骼中空且轻巧，胸骨发达等。这些骨骼特征无疑使翼龙能够更好地在天空飞翔。

体型差距

翼龙类的体型有非常大的差距，最大的翼龙是风神翼龙，它展开双翼有10～12米长，相当于一架飞机的大小。而最小的树栖翼龙——隐居森林翼龙，它的翼展开后仅有25厘米，近似于一只燕子的身形大小。

头骨脊与翼龙的雄雌

许多翼龙都有头骨脊，大而漂亮的头骨脊甚至可以达到头骨高度的5倍。古生物学家认为这些头骨脊起着某种炫耀或为同类发信号的作用，并且只有雄性翼龙才有这种头骨脊。

"史前跑道"

在法国西南部远古潟湖纹理清晰的石灰岩沉积层中，人们发现了翼龙起飞着陆时的痕迹，这个痕迹被称为远古翼龙着陆时的"史前跑道"。这些翼龙的足迹暗示着翼龙在着陆的过程中会停止拍打翅膀，通过前翼上的爪子配合着陆。

真假难辨的"活翼龙"

现在地球上还有翼龙吗？一名"二战"老兵杜安·霍金森宣称自己曾亲眼见到过"魔鬼飞翔者"。1944年的一天，他和战友在军队驻扎的岛上散步时，忽然看到天空中飞翔着一只巨大的怪鸟，它竟然长着一条"至少3米到4.5米长的尾巴"，此外它的头上还长着一个突出的大鸟冠。霍金森始终相信自己看到了一只"活翼龙"。那究竟是不是翼龙，谁都不能肯定。

就在翼龙翱翔于天空之时，有一种鸟开始拍动着原始羽毛表达出对天空对自由的向往，它就是始祖鸟。

始祖鸟——飞向天空不是梦

始祖鸟就是鸟类的祖先吗？那为什么长得和现代的鸟儿不是很像呢？

始祖鸟与恐龙

　　始祖鸟生活在距今约1.55亿年到1.5亿年前的地球上。它是最原始、最古老的鸟类之一，也是鸟类与恐龙相互连接的锁链中极为关键的一环。始祖鸟的羽毛与现今鸟类羽毛在结构上相似，但它还有一些恐龙的特征，例如：脚有三趾长爪，其中一个趾类似盗龙的第二趾，这不是现今鸟类有的特征，却与恐龙极为相似。

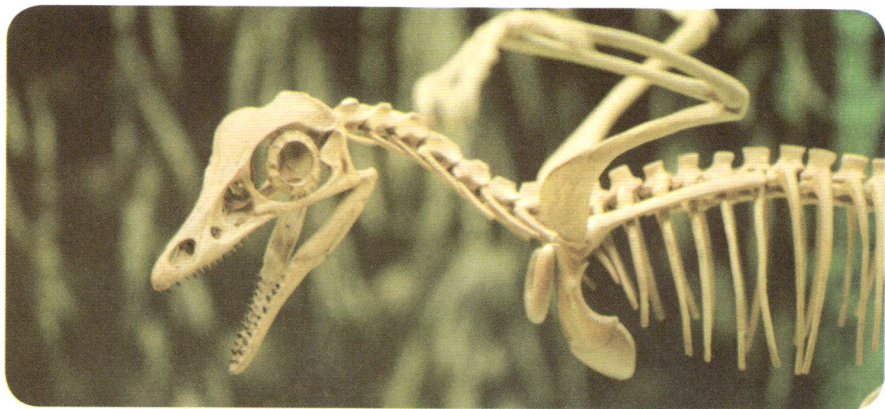

➡ 第一根羽毛

最初被人类发现的是一根始祖鸟的羽毛，这根羽毛长68毫米，宽11毫米，羽轴、羽枝和羽小枝都十分清楚。这个结构与现在鸟类的初级飞羽十分相似，但它来自距今1.55亿年的地质层中。由此我们可以确信，远在1.55亿年前，地球上就已经有了鸟类的踪影，始祖鸟正在用羽毛告诉人类，史前的飞翔不是梦。

➡ 无法在树上生活的始祖鸟

始祖鸟的爪第二趾延长，第二趾靠近上端的第一节关节极度膨大，所以它无法在树上生活。始祖鸟只能在地面奔跑，并且靠第二趾抓地而获取力量，这种获取力量的方式与恐爪龙非常相似。

史前密码

　　朵朵和爸爸正参观着，发现展厅中央的小型舞台上聚集着很多人。原来，一个竞猜活动正在举行，竞猜的题目是：在一次发掘中，科学家们发掘出了两只翼龙的化石，很多人认为这是一对翼龙夫妻，但是在后来的研究中发现这两只翼龙并不是夫妻，而是竞争对手。这种发现的根据是什么？朵朵想了想，然后勇敢地举起了手说出了答案。完全正确！工作人员将一个漂亮的翼龙模型奖励给朵朵。那么，朵朵是从哪一点知道两只翼龙是竞争对手的呢？

　　答案：因为两只翼龙头上都有头骨脊，这是雄翼龙的特征，头骨脊一般是雄翼龙用来向雌翼龙炫耀的。

远古翔兽——习惯空中生活

翼龙与始祖鸟作为史前能够飞行的动物代表，是众所周知的，但是很少有人知道关于最早会飞行的哺乳动物——远古翔兽的故事。

飞行的远古翔兽

看到鸟类祖先在天空中飞翔，一种生活在1.25亿年前的哺乳动物也按捺不住了，它也开始学习并最终掌握了飞行技巧。作为世界上最早的能够飞行的哺乳动物，它的出现使飞行哺乳动物的历史提前了将近8000万年，它就是远古翔兽。

❚▶ 远古翔兽的样子

从外观上看，远古翔兽综合了松鼠和蝙蝠的特征。它的全身覆有毛发，四肢之间有翼膜，可以在树丛之间滑翔。远古翔兽体长12～14厘米，体重很轻，大约只有70克，靠食用小昆虫为生。远古翔兽早已灭绝，并且没有留下任何后代。

❚▶ 远古翔兽与蝙蝠

在远古翔兽的化石被发现之前，蝙蝠曾被认为是世界上最早出现的飞行哺乳动物，因为目前发现的最古老的蝙蝠化石历史可以追溯到5100万年前。但是远古翔兽化石的出现取代了蝙蝠的最早飞行地位。

> 爸爸你快来看，扁肯氏兽也是哺乳动物呢！但是它跟远古翔兽长得一点也不像。

扁肯氏兽——最爱蕨类植物

为什么扁肯氏兽这么喜欢吃蕨类植物呢?

▶ 庞大的扁肯氏兽

扁肯氏兽出现在2.26亿年～2.20亿年前,它们最长可达3米,有些扁肯氏兽的重量居然超过1吨。它们一般成群地觅食,并且用两颗长长的牙齿进行自卫。它们的庞大身躯理所当然地终结了早期小巧的哺乳动物的时代。

喜欢群居的扁肯氏兽

扁肯氏兽喜欢群居生活，并且喜欢居住在旷野中。在亚利桑那石化森林东南的圣约翰发现的扁肯氏兽化石为它们群居的观点提供了直接证据，因为在那里的一个化石点中居然有40具扁肯氏兽的化石。

喜爱蕨类的扁肯氏兽

扁肯氏兽以嚼食矮小的蕨类植物为生。当时很多蕨类植物都很坚硬，而且根部储存了水分，扁肯氏兽便用獠牙挖取蕨类植物吃。蕨类植物根部的水分恰恰是扁肯氏兽身体所需水分的重要来源。

既然说到了扁肯氏兽的美餐蕨类植物，那么我顺便介绍下关于蕨类植物的知识吧。

蕨类植物——默默无闻的老者

千万别小看蕨类植物，它们为地球默默付出了4亿多年呢。

▶ 默默无闻的蕨类植物

蕨类植物是4亿年前出现的木生植物的总称，它们在今日仍是一种生命力极强的植物。这类植物在史前曾是高达20～30米的植物，随着岁月的变迁，它们慢慢变成了低矮的植物，并默默无闻地为自然界奉献自己。

▌➡ 蕨类植物的重要性

史前的蕨类植物是很多史前动物的主要食物，因为它的根部储存了大量的水分，而这些水分对于史前动物来说是必不可少的。由此可以看出蕨类植物在史前时代的重要性。

▌➡ 关于蕨类植物的神话

在斯拉夫神话里，蕨类植物一年只会开一次花。它极难被人发现，但只要被人找到了，那个人的一生将会变得快乐且富有。在芬兰也有类似的神话，若有人找到了在仲夏夜开花的蕨类植物的种子，他将被一种不可见的魔力引导至闪烁着鬼火的藏宝地。

原来不起眼的蕨类植物居然这么厉害啊！我真得对它刮目相看了！

摩尔根兽——最早哺乳动物的代表

为什么说摩尔根兽是"哺乳动物的祖先"呢？

▌▶ 命名故事

在英国南威尔士三叠纪地层中发现的原始哺乳动物化石骨骼是地球上最早的哺乳动物的代表。这种原始哺乳动物最早出现在2.05亿前，古生物学家把它命名为摩尔根兽。摩尔根兽的大部分化石在英国的威尔士被发现，在中国也发现过它的化石。

❚➡ 形体特征

摩尔根兽体型娇小，纤细的下颌由单一
的齿骨组成，显然属于哺乳动物类型，因
为爬行动物的下颌是由齿骨和关节
骨等好几块骨骼组成。但是，摩尔
根兽的下颌内侧有一条沟，其中依
然保留了一点点关节骨的残余，
这是不是说明它很可能起源
于爬行动物呢？

❚➡ 哺乳动物祖先的代表

摩尔根兽的牙齿是它的代表特征之一，它的齿尖沿着牙齿
的中轴或多或少地排列在一条线上。随后发展起来的整个哺乳
动物大家族，都是在摩尔根兽这样的身体特征的基础上一步步
分化、演变出来的。从这个意义上说，摩尔根兽代表了包括我
们人类在内的整个哺乳动物大家族的祖先类型。

▶ 嗅觉与触觉

近期，科学家们利用高分辨的CT对摩尔根兽的头骨化石进行了扫描。研究表明，它们拥有发育最完全的脑部嗅觉控制区，以及发育较为完全的触觉控制区。看来我们的祖先并没有优先发展思考能力，而是先发展了嗅觉和触觉。

摩尔根兽可以算得上是哺乳动物的祖先代表，但是朵朵你知道哪一种史前动物被称作"来自中国的侏罗纪母亲"吗？

中华侏罗兽——来自中国的侏罗纪母亲

中华侏罗兽看起来可真小呀，它有什么特殊之处吗？

别看它小，它的来头大着呢！

中华侏罗兽化石

中华侏罗兽的化石产于距今1.6亿年的地层中。这块化石保存了长约2.2厘米的、不是很完整的头骨、部分头后骨架以及残留的软体组织印痕，例如毛发。它的牙齿特征表明它是食虫类哺乳动物，它的体重在13克左右。

▌▶ 名字的由来

科学家将这块化石正式命名为中华侏罗兽，含有"来自中国的侏罗纪母亲"之意。中华侏罗兽的发现将此前的有胎盘类哺乳动物的生存记录提前了3500万年，并且还填补了化石记录的一个重要间隔，帮助修正了哺乳动物的演化历史。

▌➡ 身体特征

　　中华侏罗兽长得非常娇小，体型和现在世界上最小的哺乳动物鼩鼱有一拼。中华侏罗兽的前肢结构及牙齿特征表明它具有攀爬能力，是一种在树上生活的哺乳动物，并靠捕虫为生。

▌➡ 攀爬能力的意义

　　侏罗纪时代大部分哺乳动物仅限于生活在地面上，而中华侏罗兽却具有攀爬能力，这种能力可以帮助它在恐龙和其他脊椎动物统治的侏罗纪生态环境中生存下来。这种具有爬树和攀岩上部空间的能力，可以说是为哺乳动物开辟了一个新的生存空间。

中华侏罗兽善于爬树，提起史前的树木，我们就一定要说说银杏。

银杏——植物界的熊猫

银杏不是很普通的树木吗？我们家院子里就有一棵银杏树，它有什么特殊之处呢？

奇迹一般的银杏

银杏最早出现于3.45亿年前，它曾广泛分布于北半球的欧洲、亚洲和美洲。50万年前，第四纪冰川运动让地球突然变冷，绝大多数银杏类植物绝种了，但在自然条件优越的中国，银杏奇迹般地生存了下来。所以，银杏被科学家称为"植物界的熊猫"。

▶ 独一无二的银杏

银杏身上有许多较为原始的特征。它的叶脉形式在它所属的被子植物中绝无仅有，在蕨类植物中却很常见。银杏是现存的被子植物中最古老的孑遗植物。孑遗植物是指绝大部分植物物种由于地质地理气候变迁等原因灭绝之后幸存下来的古老植物。和银杏同门的其他植物都已灭绝。

▶ 树界老寿星

银杏生长缓慢，寿命极长，是树中的老寿星。在山东省日照市的定林寺内有一棵大银杏树，相传是商代种植的，这么算下来它已有4000多年历史了，不愧为"老寿星"啊！

> 银杏适应性强，并且抗烟尘、抗火灾、抗有毒气体。它的果实还可以润肺止咳呢！所以说银杏浑身上下都是宝。

史前密码

　　A城有一棵非常特殊的银杏树，它的特殊之处在于它的树龄比城里年纪最大的王阿婆还要大。朵朵对这棵银杏的年龄很好奇，于是就跑去问王阿婆。王阿婆想了想，然后说："那棵银杏树好像是我爷爷的爷爷种下的，是为了庆祝我爷爷的爸爸出生。我今年已经101岁啦，听说那棵银杏比我爷爷年龄还要大18岁，我爷爷活到了94岁，在我25岁的时候他去世啦。你自己算算，这棵银杏树有多大吧。"朵朵仔细想了想，终于得出了这棵银杏的年龄。你有没有算出来这棵银杏究竟年龄有多大呢？

答案：188岁。

近蜥龙——"命苦"的恐龙

肉食性恐龙来啦，这只恐龙怎么还跑得这么慢啊？难道它不怕被吃掉吗？

小个子恐龙

你可能觉得奇怪，近蜥龙身长2米多，怎么还说是小个子的恐龙呢？其实，这个说法是相对来说的，蜥脚类恐龙在侏罗纪、白垩纪时期进化得越来越大，有的甚至长达20多米，所以在蜥脚类恐龙中，近蜥龙2米多长的体型真的算是比较小的。

▌▶ 容易被猎食的恐龙

　　就某些方面来说，近蜥龙可真算得上是"命苦"，为什么会是这样呢？因为近蜥龙身材较小，体重也只有35千克，它只能吃接近地表的低矮植物。而且近蜥龙的拇指上长的爪子作用并不大，牙齿也很钝，跑的速度也不快，无法逃脱同时期的食肉者的追捕，因此近蜥龙因为自身条件的制约成为了"命苦"的恐龙。

　　朵朵，这种近蜥龙之所以被称为"命苦"的恐龙，现在你了解了吧？

圆顶龙——不照顾幼龙的恐龙

有这么一种恐龙很特殊，它并不照顾自己的幼龙，只顾自己。这种自私的恐龙就是圆顶龙。

最常见的恐龙

圆顶龙分布在美国西部，它的相貌普通，是侏罗纪晚期最常见的蜥脚类恐龙。圆顶龙的特别之处在于：它的牙齿居然有16厘米长，这么长的牙齿比最有名的肉食性恐龙霸王龙的牙齿还要长呢。

▌➡ 不做窝的恐龙

　　圆顶龙是群居动物，它们的蛋被发现时都是成一条线状的，这说明圆顶龙不做窝，而是一边走路一边生小恐龙，所以生出来的恐龙蛋形成一条线，并非整齐地排列在巢穴之中，由此可以想象得到圆顶龙并不照顾它们的幼龙。

重龙——罕见的恐龙

远处传来巨大的走路声，是巨人来了吗？

别怕，那是重龙。重龙是侏罗纪时期的大型恐龙之一，它也是恐龙家族中最罕见的成员之一。

脖子与心脏

重龙那长长的脖子里的骨头是空的，而且很轻，这就意味着它抬起头来吃东西很容易。有一些科学家认为，因为重龙的脖子很长而且骨头中空，所以它每次抬起头来只能持续短短的一段时间，否则，血液可能停止流向大脑，因为重龙的心脏离它的头非常远。

▌➡ 重龙的自我保护

　　重龙身材巨大、脖子长长的，看起来很笨重，但是它很会保护自己哦。重龙长着一条很长的尾巴，尾巴挥动起来，可作为防御敌人的武器。此外，重龙过着群居的生活，群体的力量也有助于它们抵御追捕者的进攻。

冥河龙——面目狰狞的恐龙

看到眼前这只恐龙，你是不是也被它的样子吓坏了呢？别害怕，虽然它长得有些恐怖，但是它可是性格温顺的草食性恐龙呢。记住它的名字——冥河龙。

面目狰狞

1983年，美国蒙大拿州的地狱溪挖掘出了一具恐龙化石，取出它时就像取出一具地狱恶魔的遗骸一般恐怖。这是一种头颅顶部、后部与口鼻部都有非常发达的骨板与棘状物的神秘恐龙——冥河龙。在所有的化石记录中，冥河龙那繁多的精巧而复杂的头饰使它在同类乃至恐龙世界中都是面目最狰狞的。

⫸ 头部的圆顶

冥河龙是一种相貌怪异的恐龙。它的头部有一个坚硬的圆顶形骨头，周围布满了锐利的尖刺，看起来似羊非羊，似鹿非鹿。这种奇怪的头饰有什么作用呢？据科学家们分析，这很可能是群体中雄性之间的争斗武器，圆顶可以抵受猛烈的冲撞，角刺则可用来相互碰撞，充当御敌的武器。

慈母龙——恐龙中的好妈妈

一只可爱的恐龙宝宝正在围着它的妈妈转，恐龙妈妈慈爱地给小恐龙喂食。好温馨啊！

偶然的发现

1978年夏天，考古学家霍纳及好友马凯拉来到美国落基山的丘窦镇勘查化石。他们与当地的石头小店的店主布联多老太太聊了起来，布联多老太太觉得眼前两个小伙子有点学问，便拿出了一个咖啡罐，说里面有一些前几天在蛋山捡到的小化石，想请他们帮忙看看是什么。霍纳一看，激动得半晌说不出话来，眼前这个就是北美第一个恐龙胚胎化石——慈母龙的蛋化石。

➡ 好妈妈

慈母龙每次能生25个蛋，孵化小恐龙后，这25只小恐龙每天要吃掉几百斤鲜嫩的植物，所以慈母龙需要不辞劳苦地到处寻找食物来喂养小宝宝。它们列队外出时，大慈母龙走在两侧，小恐龙走在队列中间，如同今天我们看到的象群。这样爱护孩子的行为，"好妈妈"这个称号它们当之无愧。

伤齿龙——最聪明的恐龙

伤齿龙最初是因为它尖锐的牙齿而得名。

最聪明的恐龙

刚开始人们认为伤齿龙是一种蜥蜴，然后又把它当做一种长相呆笨的恐龙，后来把它的骨骼组合起来才发现以前的认识和理解几乎是错误的。就身体和大脑的比例来看，伤齿龙的大脑无疑是恐龙中最大的，而且它的感觉器官非常发达，因而被认为是最聪明的恐龙。

▌➡ "恐人学说"

伤齿龙可能和现在鸟类的智力相似。现在的鸟类极为聪明：最聪明的鸟能训练开一些玩笑甚至模仿人类的语言。加拿大古动物学家戴尔罗素就设想，如果6500万年前没有那场大灾难，迅猛龙的近亲奔龙，就完全可能进化成为代替人类的一种动物——"恐龙人"，成为地球的主宰。这就是曾经风行一时的"恐人学说"。

霸王龙——恐龙帝国的霸主

爸爸！霸王龙向这边跑来了，救命！

恐怖的霸王龙

霸王龙是食肉性恐龙中最晚出现的恐龙，但它可能是有记录以来生活在地球上的最大型的肉食性恐龙之一。霸王龙完全具有成为一个霸主的先天优势，它的头颅长达1.37米，有着硕大的上下颚，血盆大口中有60颗锯齿状边缘的利牙，有些牙齿甚至达到了18厘米呢。

食肉机器

霸王龙就像一台食肉机器。它在恐龙世界中的"暴君行为"可是名不虚传的。它那硕大颚骨赋予了它惊人的咬力，只要它张开大口，把猎物狠狠地咬住，用它的尖利的牙齿用力撕扯，恐怕任何猎物面对这样的情况，都是死路一条了。

粗壮的霸王龙

霸王龙体型十分粗壮，不过它的身体长度相对它的体重来说却不相匹配。例如，最大的霸王龙虽然比鲨齿龙科的撒哈拉鲨齿龙、玫瑰马普龙和卡氏南方巨兽龙要重，但是身长却比不上它们三个。

⫸ 自私的雌性霸王龙

霸王龙交配后，雌性霸王龙就会强迫雄性霸王龙离开，不仅因为雌性霸王龙生性更加残暴，更是因为雌性霸王龙不愿与雄性霸王龙分享自己的食物，雌性霸王龙甚至会在饿的时候以雄性霸王龙为食。

> 霸王龙太可怕了！爸爸，有没有温顺一点的恐龙呢？

> 当然有，你看，这不就是温顺的食草性恐龙三角龙吗。

三角龙——恐龙时代的最后存在者

哇！三角龙看起来可真威武啊！但是它脖子上的像盾牌一样的东西是用来做什么的呢？

最强的食草性恐龙

三角龙是最后生活在世界上的恐龙之一。它的头颅很大，支撑着大块的颌部肌肉。在所有的食草性恐龙中，三角龙的颌部是最强壮的。它的牙齿像巨大的剪刀一般相互交错，几乎能咬碎任何一种植物。再加上三角龙坦克一般的体型，使它毫无悬念地成为了白垩纪最强的食草性恐龙之一。

▌➡ 颈盾的作用

三角龙虽然长得像犀牛，但是无法像犀牛一样奔跑，它根本跑不过与它同期的如霸王龙一般的猎食者，所以它只能依靠巨大的角来抵御敌人的进攻，它那坚硬的颈盾也可以保护它的颈部不被咬伤。当然，颈盾还有别的作用，如可以用来吸引异性，调节体温。

▌➡ 角的功能

三角龙头部巨大的角不仅仅可以用来战斗，对付恐怖的猎食者，现在越来越多的人认为三角龙头上的角也是它求偶时的展示物。也许越奇特的头部越能吸引到异性的注意，并且博得好感。

➡ 大众文化的宠儿

三角龙独特的外形，使它经常出现在电影、电脑游戏和电视节目中。不仅如此，三角龙也常在儿童读物、动画节目中出现，可以说是大众文化的宠儿。在那部非常有名的电影《侏罗纪公园》中，就出现了一只因为不适应吃现代植物而生病的三角龙。

一只小动物从三角龙的腿边溜过去了，朵朵快看，那个小家伙就是金氏热河兽。

金氏热河兽——它可不是小老鼠

金氏热河兽看起来可真像一只小老鼠呀！

⇒ 小议金氏热河兽

金氏热河兽属于三尖齿兽类，它就像一只老鼠那么大，身长只有15厘米左右。它的牙齿明显区别于其他的三尖齿兽类动物，因为它的牙齿咬合特征表明了它具有食虫的食性。

▶ 复杂的身体构造

金氏热河兽有进化的肩胛骨和锁骨，这些可以伸缩的骨骼关节表明：金氏热河兽的前肢几乎可以直立。它不像现在的爬行类动物那样匍匐前行，而是像现在的一些哺乳动物那样行走。但是金氏热河兽的腰带结构很原始，与爬行动物的腰带结构较为接近。

▶ 攀爬能力

金氏热河兽是居住在地面上的小型动物，从它的身体构造来看，它似乎拥有攀爬能力。但是研究表明，金氏热河兽的攀爬能力无法支持它爬树，所以它没有办法像中华侏罗兽一样在树上居住。

爸爸，为什么忽然暗下来了？什么晃动了一下？是地震吗？

不用担心，白垩纪末期大地动荡不安，火山爆发和地震时有发生，这只不过是3D史前博物馆的另类体验。

不安的大地——地壳的变化

火山爆发和地震肯定很可怕，这些对史前的生物有什么影响呢？

地壳运动

地壳运动指的是由于地球内部原因引起地球物质的机械运动。它可以引起岩石圈的演变，促使大陆、海洋的增生和消亡，并形成海沟和山脉；同时还导致发生地震、火山爆发等。白垩纪末期的地壳运动尤为剧烈。

地质灾害严重

在白垩纪，地球上海陆分布和生物界都发生了很大的变化，地质灾害也演变得十分严重。例如，火山活动频繁，地震使大地动荡不安，白垩纪后期出现的地势低平地区被海洋侵蚀的情况也变得非常严重。

生物界的变化

剧烈的地壳运动和海陆变迁，导致白垩纪的生物界发生了巨大变化，中生代许多盛行和占优势的生物（如裸子植物、爬行动物、菊石等）在白垩纪末期相继衰落和灭绝，而新兴的被子植物、鸟类、哺乳动物等却有所发展，这一切预示着新的生物演化阶段的来临。

虽然这时候的地壳运动严重，但是这些并不是恐龙这一物种灭绝的根本原因，恐龙的灭绝原因至今还是个谜。

天地大浩劫——恐龙灭绝之谜

恐龙究竟为什么会灭绝呢？

恐龙灭绝的疑问

统治了地球那么久的恐龙为什么会在白垩纪末期突然灭绝呢？这个问题也一直困扰着古生物学家，关于答案却是众说纷纭，没有一个确定的观点。下面我们就列举几个关于恐龙灭绝的观点吧。

▌➡ 板块移动说

有一种观点认为恐龙灭绝是地球板块移动的结果。因为板块的改变，直接引起了气候发生巨大的改变。严寒的气候使植物死亡，食草性恐龙因为缺乏植物而活活被饿死，而食肉性恐龙因为没有猎物可捕捉也只能自相残杀，最终导致了灭亡。

▌➡ 火山爆发说

还有一些人认为是火山的爆发使恐龙灭绝。因为火山爆发使二氧化碳大量喷出，造成的温室效应导致植物死亡，最终恐龙因失去了食物而饿死。而且，火山爆发释放出的盐素破坏了臭氧层，让有害的紫外线照射地球表面，加速了恐龙的灭绝。

⊪➡ 陨石撞击说

现在普遍被大家认可的是陨石撞击说。人们认为，恐龙的灭绝和6500万年前的一颗小行星有关。据研究，当时曾有一颗直径7~10千米的小行星坠落在地球表面，引起一场大爆炸，大量的尘埃被抛入大气层，形成遮天蔽日的尘雾，导致植物的光合作用暂时停止，恐龙因此而灭绝了。

究竟哪一种才是真正的原因，我们谁也不能肯定。但是唯一可以肯定的是，在这场大浩劫中，有一些动植物逃脱了灭亡的厄运，这才有了生命的延续。

史前密码

爸爸告诉朵朵，恐龙灭绝的观点如果仔细思考的话会发现一个大秘密——这些观点其实是有共性的。因为，不论是哪一种关于恐龙灭绝的观点，都包含了一个绝对因素，而这个绝对因素在某种程度上可以说决定着恐龙的存亡。朵朵想了半天也没有想出来究竟是什么因素。细心的你有没有发现呢？如果发现了，就快告诉朵朵吧。

答案：这个绝对因素就是植物，植物的存亡决定了恐龙的存亡。

第四章
Chapter Four
生命的延续

　　转眼，朵朵和爸爸来到了第四个展厅——"生命的延续"。这里的植物茂密，动物种类多样，哺乳动物无疑变成了这时地球的霸主。让我们一起去和这些度过天地大浩劫的史前动物们问声好吧。

劫后余生——奇迹生还的动植物

大浩劫之后都有哪些生物灭绝了呢？有生还者吗？它们都是谁？

⬛▶ 遇难者名单

在白垩纪末期悲剧性的大灭绝中，灭绝的不仅仅是恐龙等动物，那些曾经广泛分布在海洋中的水生爬行动物——鱼龙、蛇颈龙、沧龙等，以及飞行的翼龙等都没能从这场劫难中逃脱。如果再计算那些多得不计其数的无脊椎动物，这场大浩劫中遇难者的名单就更长了。

➡ 潜伏的动植物

虽然大浩劫使当时地球上绝大多数动植物走向灭亡，但是有一些动植物潜伏起来。比如，一些小型的陆生动物，其中包括哺乳动物，它们依靠残余的食物勉强为生；而一些植物把种子深埋地下，终于熬过了最艰难的时日。

➡ 劫后余生的胜利者

鸟类和哺乳动物算得上是劫后余生后的真正胜利者。躲过劫难的鸟类发展得异常迅速。哺乳动物虽然早在三叠纪就已经和恐龙一起出现，但是一直生活在恐龙的阴影之下。直到恐龙灭绝后，它们才占据了生态系统的重要地位，并且保持着优势直到今天。

新生代——被子植物时代

新生代指的是大浩劫后直到现在这一段漫长的时间。这段时期也被称作"被子植物时代"。

▐▶ 了解被子植物

被子植物是植物发展史上最晚出现的一类高等植物，它们因为有着美丽的花朵，所以也被称为显花植物。被子植物的出现不仅改变了植物界的面貌，也促使整个生物界发生了巨大的变化。被子植物出现以后，植物界发展到了一个崭新的阶段，即被子植物时代。虽然被子植物只有一亿多年的历史，但它已发展为现今植物界最高级、最繁盛的植物种群，而且与我们的生活关系密切。

➡ 自身演化

被子植物是植物界最高级的一类，也是种类最多的植物。被子植物有极其广泛的适应性，这和它的结构复杂化、完善化是分不开的，特别是它们的繁殖器官结构和生殖过程的优化，为它们提供了适应、抵御各种环境的内在条件，使它们在生存竞争、自然选择的矛盾斗争过程中，不断产生新的变异，并产生新的物种。

➡ 绝对优势

度过大浩劫的被子植物逐渐变得繁盛，它们开始在地球上占据绝对优势。而裸子植物除松柏类还占有重要地位外，其余的都慢慢衰落了。在植物系统中占据重要地位的蕨类植物也大大减少，并且仅分布于温暖地区。

> 原来，我们今天看到的大部分植物都是被子植物啊。

新生代——哺乳动物时代

"哺乳动物时代" 指的是什么呢?

哺乳动物的定义

哺乳动物是一类恒温，有脊椎，身体有毛发，大部分都是胎生，并由乳腺哺育后代的动物。这类动物代表着动物发展史的最高级阶段，也是与人类关系最密切的一个类群。

▶ 哺乳动物与爬行动物的区别

从化石上看，哺乳动物与爬行动物最主要的区别在于牙齿。爬行动物的每颗牙齿都是一样的，彼此没有区别，而哺乳动物的牙齿按它们不同的位置分化成不同的形态。此外爬行动物的牙齿可以不断更新，而哺乳动物的牙齿除乳牙外不再更新。

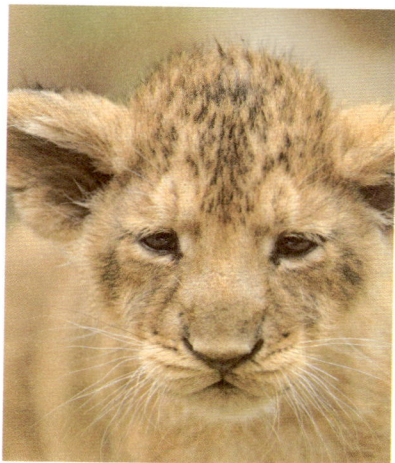

▶ 发展条件

三叠纪晚期，哺乳动物就已经登上大自然的历史舞台，但是它们迟迟得不到发展。由于哺乳动物以其特有的恒温优势躲过大浩劫，并且在没有恐龙、气候湿暖潮湿的条件下，才得以复苏和发展，它们逐渐成为陆地上占支配地位的动物，并延续至今。所以距今6500万年前至今的新生代，也被称为哺乳动物时代。

既然来到了哺乳动物的时代，那咱们就认识认识那些劫后余生的动物们吧。

始祖马——现代马的祖先

咦，这就是马的祖先始祖马吗？它们长得怎么一点也不像呢？

▌➡ 认识始祖马

始祖马是古代哺乳动物，大约生活在5000万年前，是公认的马的祖先。始祖马体高约30厘米，脊背能弯曲，背部稍向上拱曲，尾巴较短，四肢细长，靠脚趾行走。始祖马以嫩树叶为食，它虽然吃草，但不能像现代马那样大口咀嚼。它身体灵活，可以在草丛和灌木中穿行。

▌➡ 马类进化史

5800万年前出现了适于热带森林生活的始祖马。再后来，干燥的草原代替了湿润灌木林，马属动物的机能和结构随之发生明显变化：体格增大，四肢变长，成为单趾；牙齿变硬并且变得复杂。始祖马经过渐新马、中新马和上新马等进化阶段的演化，终于进化成现在的单蹄扬首高躯大马。

▌➡ 灭绝的马

大约2万年前，野马在北美洲彻底灭绝，而灭绝的原因现在仍是谜。有人认为野马的灭绝跟美洲印第安人过度捕猎有关。从此，在漫长的时间里，北美洲没有了马的存在。一直到公元16世纪，西班牙人再一次把马带回北美洲之前，当地都没有野马的踪迹。

原来关于马的进化居然有这么多故事啊，真是太有意思啦。

鸭嘴兽——卵生哺乳动物

鸭嘴兽怎么长得这么奇怪啊?

▌▶ 最原始的哺乳动物

鸭嘴兽是最原始的哺乳动物之一,它虽然被列入哺乳类,但没有哺乳动物的完整特征。因为它是以产卵的方式进行繁殖的,是最原始最低级的哺乳动物。

▌➡ 长相怪异的鸭嘴兽

　　当初英国移民进入澳大利亚发现鸭嘴兽时，惊呼它为"不可思议的动物"。凡是见过鸭嘴兽的人都说它长得实在太怪异了。鸭嘴兽长约40厘米，全身裹着柔软褐色的浓密短毛，四肢很短，五趾间有薄膜似的蹼，非常像鸭蹼，嘴部扁平，形似鸭嘴，嘴内有宽的角质牙龈，但没有牙齿。

▌➡ 鸭嘴兽的护身符

　　鸭嘴兽看起来人畜无害，其实并不是那样。雄性鸭嘴兽后足有刺，里面存着毒汁，几乎与蛇毒的毒液相近，人如果被它的刺刺伤，便会引起剧痛，好几个月才能恢复，这是鸭嘴兽的"护身符"。雌性鸭嘴兽出生时也有剧毒，但是在它长到30厘米时毒性就消失了。

> 幸亏我没有摸它，它居然有毒！

> 不用怕，只要我们不伤害动物，动物也不会伤害我们的。

史前密码

这是爸爸问朵朵的一个问题："如果你被鸭嘴兽的毒刺刺伤了，那么你应该做些什么呢？"朵朵想了想，然后说出了自己的想法，爸爸听后满意地点了点头。你有没有想出来应该怎么做呢？

答案：去医院。

剑吻古豚——嘴像一把剑

你看，在远处的深海海域，剑吻古豚正自由自在地游玩呢。

▶ 娇小的鲸鱼

剑吻古豚是一种已灭绝的鲸鱼，虽然是鲸鱼，但是它的体型远远不及今天我们看到的鲸鱼。因为剑吻古豚身长只有2米左右，而今天小型的鲸鱼体长都能达到6米左右，更别说那些体长能达到30米的鲸鱼了。

回声定位助猎食

别看剑吻古豚相对来说个头不大，但是它们的行动很敏捷，并且科学家们认为它们可能依靠回声定位来猎食。

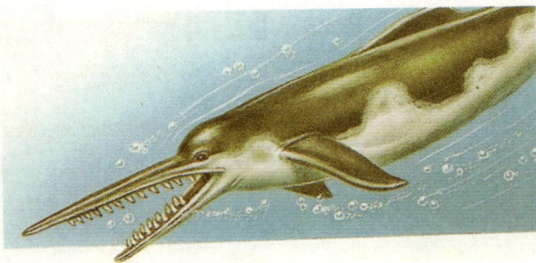

回声定位猎食是指剑吻古豚可以发出超声波，利用超声波的回声来判断前方是否有猎物。一旦回声显示不远处有猎物，那么剑吻古豚就会迅速游过去，并张开长满锋利牙齿的嘴巴，一口咬住猎物。

特殊的尖吻

虽然海豚也有尖吻，但是剑吻古豚的尖吻要比现在海豚的长得多，尖得多。它的上颚生长延长成尖吻，看起来更像现在仍在海中横行霸道的剑鱼的嘴巴。这样的尖吻当然不会是没用的，剑吻古豚利用它能更好地捕捉猎物。

爸爸，这时候的海洋里还有比剑吻古豚更厉害的动物吗？

当然有啦，你看，那悄悄逼近的大家伙就是人称"海洋的死亡终结者"——巨齿鲨。

巨齿鲨 ——海洋动物的终结者

那就是巨齿鲨吗？太可怕了！它看起来能一口把我吞掉呢！

▶ 令人胆寒的数据

巨齿鲨是一种生活在大约2500万年前到200万年前的巨型鲨鱼。它的牙齿化石像人的手掌一样大，有13～17厘米长，是现在大白鲨的牙齿好几倍长。科学家根据其牙齿的大小同比例放大推算出巨齿鲨大约有13～16米长，体重大约有20～30吨，它的大嘴直径可达1.7～2.1米，这些数据着实让人胆寒。

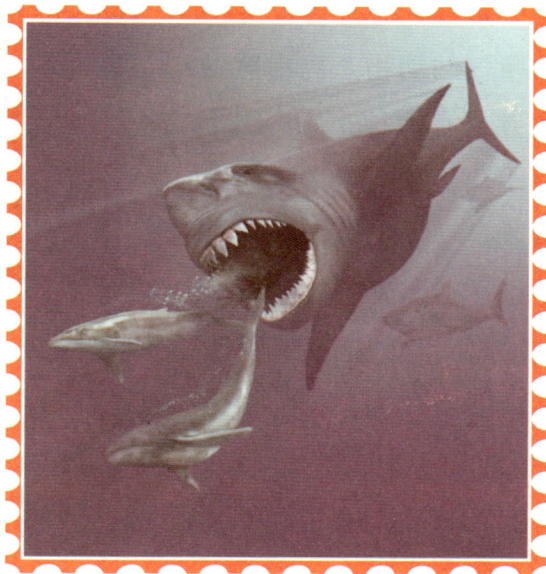

▌▶ 恐怖的撕咬力量

巨齿鲨的撕咬力量是大白鲨的6~10倍，这足以表明它是地球历史上最可怕的掠食性动物。相比之下，有"暴君"之称的霸王龙也不是巨齿鲨的对手呢。因为虽然霸王龙最大的撕咬力量可达到3.1吨，比今天的大白鲨强一些，但仍无法与巨齿鲨相匹敌。

▌▶ 海洋动物的终结者

巨齿鲨喜欢在开阔的海洋中猎食，而且会攻击在海面换气的动物。巨齿鲨的猎食方式有两种，第一种是在短距离内快速游动，并且从猎物的下方进行攻击；第二种是在猎食大型猎物时，它会先攻击猎物的尾部或者鳍，使猎物丧失游泳能力，再将猎物一举拿下。

海洋里的大家伙我们也看到了，现在再来看看这一时期陆地上的大家伙吧。

雕齿兽——铁甲武士

哇，史前的地球上就有这么大的乌龟吗？

哈哈，这可不是乌龟，这是雕齿兽。

▶ 雕齿兽来啦

　　雕齿兽是一种史前哺乳动物，距今约3万年前出现在地球上，大约1万年前灭绝。雕齿兽本来生活在南美洲的阿根廷潘帕斯草原、乌拉圭、巴西一带。但是在2.5万年前北美洲与南美洲因地壳运动而联结时，它第一次踏上了北美洲的土地。

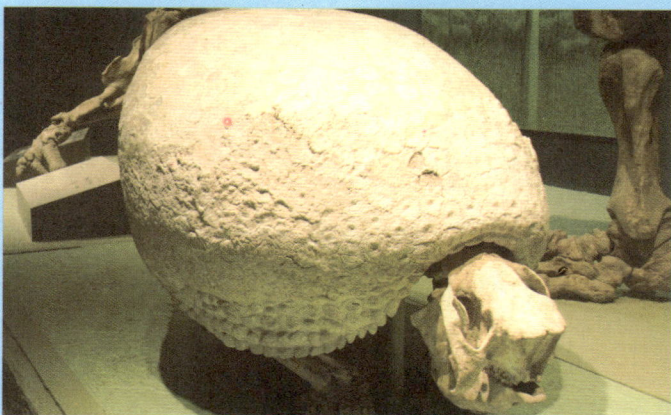

▌➡ "铠甲武士"

成熟的雕齿兽身长约4米，背部最高达2.5米。它们身上的坚硬盔甲直径大于2米，保护着它的身躯。雕齿兽还有一条管状尾巴，这条尾巴有环形骨作为保护，而且末端有厚角质化的刺，就像一条带刺的巨型棍棒，它是雕齿兽的防身武器。很显然，再凶猛的肉食动物也很难攻击到这个全副武装的"铠甲武士"。

▌➡ 尾巴的能力

尾巴对于雕齿兽来说有着重要的意义，它能够像运动员挥动网球拍和棒球棍一样甩摆它那带着尖刺的尾部，并且会利用众多刺中最大、最锋利的刺来击打物体。在这种意义上，雕齿兽的尾部和某些恐龙的尾部的作用是相同的。

▌➡ 它可不是大乌龟

很多人一见到雕齿兽的化石就以为它是史前的大乌龟，这其实是一种误解。雕齿兽是名副其实的哺乳动物，只是身上背负着看来像龟壳的盔甲。乌龟可以把脑袋缩进壳里，雕齿兽却做不到，因为雕齿兽的脑袋上长着一个漂亮的骨冠，这个骨冠究竟有什么作用，现在还是一个谜呢。

据研究，住在雕齿兽附近的原始人会猎杀雕齿兽并且用它们的壳来作为安身之处呢。

泰坦鸟——无法飞翔的鸟

泰坦鸟的鸟喙居然这么大！看起来真可怕。不过它的体型有点像动物园的鸵鸟。

会跑不会飞的鸟

泰坦鸟是一种食肉性鸟类。它的身高可达2.5米，体重达到了150千克。泰坦鸟的身躯十分健硕，脖子很长，脑袋很小。它有着两只大大的脚趾及粗壮的大腿。它的前肢已经退化，只留下很小的翅膀，所以是一种善于奔跑而不会飞的巨鸟。

巨大的鸟喙

泰坦鸟那巨大的鸟喙有什么作用在今天仍莫衷一是。因为人们不知道这样巨大的鸟喙是用来敲碎坚果，还是用来敲碎骨头。因为它的鸟喙形状比较像是食草动物的，但如果只是为了敲碎坚果，这样的大型鸟喙似乎太过有力。另一种观点认为泰坦鸟的巨大鸟喙是用来击裂别的动物的骨头。就泰坦鸟的体型看来，它应该是埋伏在浓密森林中的掠食者。

泰坦鸟的灭绝

随着马达加斯加森林面积的大量减少，泰坦鸟也所剩无几。1649年，是当地居民能够捕杀到泰坦鸟的最后一年。之后，人们再也没有见过泰坦鸟。但据说在200年后的1849年，曾有人在马达加斯加南部的森林里发现了一枚泰坦鸟蛋。自那以后，人类再也没有发现过任何泰坦鸟的足迹，泰坦鸟那"世界第一大鸟"的称号也只好让给了鸵鸟。

▌▶ 人类与泰坦鸟

　　经过研究后，科学家们认为泰坦鸟的肉应该很鲜美，而且羽毛修长，可当装饰品。因为在那个时候，马达加斯加岛上的原始居民常常猎杀泰坦鸟，取食它的肉，并且用它的羽毛做装饰品，他们还用泰坦鸟的腿骨做项链，佩挂在胸前。直到今天，马达加斯加岛上仍流传着许多关于泰坦鸟的神话传说。

这样看的话，泰坦鸟要比鸵鸟恐怖多了。

猛犸象——严寒下的生存者

好大的声音！爸爸，是地震了吗？

不是的，是一群猛犸象在向我们走来呢。

⇒ 有名的猛犸象

　　猛犸象的平均体型小于恐象和剑齿象，所以它并不是最大的古象，但它是最有名的。它生活在约1.1万年前，可以适应草原、森林、冻原雪原等环境。少数猛犸象身披长毛，并且长有一层厚脂肪隔寒。猛犸象夏季一般以草类和豆类为食，而冬季一般以灌木、树皮为食。猛犸象喜欢群居。最后一批猛犸象大约于公元前2000年灭绝。

➡️ 极强的御寒能力

从猛犸象的身体结构来看，它具有极强的御寒能力。因为与现代象不同，猛犸象并非生活在热带或亚热带，而是生活在北方相对比较严寒的地区。在阿拉斯加和西伯利亚的冻土和冰层里，人们曾不止一次发现过这种动物的尸体，甚至包括带有皮肉的完整个体。

➡️ 与人类打交道

猛犸象生存的年代注定了它们不得不和人类打交道。这种动物一直活到4000多年前，而那时地球上早已出现了人类，所以猛犸象曾是石器时代人类的重要狩猎对象。在欧洲的许多洞穴遗址的洞壁上，我们常常可以看到早期人类绘制的猛犸象的图像。

▌▶ 观猛犸象

1890年，俄国西伯利亚叶尼塞河下游的居民狩猎时，看到平时经过的林中大路上多了几堆大草堆。那些草堆居然是活动的。一位跟随当地居民狩猎的俄国商人见过大象，他马上看出那些东西是披着长毛的大象。那些动物还发出震耳欲聋的咆哮声。事后人们一致认为那些动物就是早已灭绝的猛犸象。难道猛犸象没有灭绝吗？

虽然猛犸象十分有名，但是与它生活在同一时代的剑齿虎也毫不逊色。

剑齿虎——令人畏惧的牙齿

那只剑齿虎藏在树丛里，它一定是在等猎物经过吧。

▶ 小议剑齿虎

剑齿虎，顾名思义是以牙齿闻名的动物，它的上犬齿长达20厘米。剑齿虎体型巨大，肩高可以达到1.2米，并且长着一条长长的尾巴。剑齿虎的体型不如它的近亲刃齿虎那般粗壮强大，却也是捕猎的行家，它擅长偷袭并以弯刀状的剑齿攻击猎物要害。

▌▶ 不像狮子像瘦熊

　　剑齿虎经常被人们误认为是长着獠牙的狮子，其实两者大不相同。成年剑齿虎体重约300千克，以大型哺乳动物为食，它的体重可比现在的狮子重得多呢。而且剑齿虎的后腿和尾巴非常短小，所以它更像是一只体格健壮的瘦熊。

▌▶ 捕食猎物

　　剑齿虎的捕猎对象是大型的食草动物，如象、犀牛等。剑齿虎可以长时间耐心地潜伏在猎物必经之路的草丛中，待猎物走近时猛地跳出来，张开巨口，扑在猎物身上，用全身的重量将两把匕首般的牙齿深深地插进猎物的身体中，猎物在很短的时间内就气绝身亡了，剑齿虎便可以享受一顿美餐。所以在当时，剑齿虎算是兽中之王呢。

➡ 人类与剑齿虎的灭绝有关

剑齿虎虽然在很久以前就灭绝了，但是它们也和原始人类共同生活过。据科学家们研究，剑齿虎的灭绝跟原始人类有关呢。因为在当时已经掌握了石器的原始人类，完全可以对抗、并且猎杀剑齿虎，这样的猎杀无疑加速了剑齿虎的灭绝。

在史前时代的末期，许多动物已和人类打过交道了，我们一起去看看人类的祖先古猿是怎么生活的吧。

古猿——人类的祖先

古猿与人类之间有很多不得不说的故事呢。

化石的证明

现在所知道的生活在距今3000多年到500万年前的古猿类型，几乎都是在非洲、亚洲和欧洲的一些地区发现的，主要是一些牙齿和颌骨化石，也有一些肢骨和头骨化石。古猿大部分生活在热带森林里，以森林为家。而这些古猿化石，也证明了人和猿共同以古猿为祖先的观点。

▌➡ 人、猿同祖

科学表明，人类是从古猿类发展而来的。人和猿有一定的近亲关系，人和猿的共同远祖是3000万年～3500万年前生活于埃及法尤姆洼地的原上猿和埃及猿。近几十年来在亚、非、欧等一些地区发现的森林古猿、腊玛古猿和南方古猿也被认为是人类和现代类人猿的共同的祖先。

▌➡ 从古猿到人类

为了生活，古猿开始学着直立行走，开始钻木取火，开始制造石器武器，开始用武器捕猎，它们已经慢慢进化成原始人类。原始人类的出现意味着人类作为高等智慧生物在地球上占有一席之地。现在我们人类虽然已经是地球上最高等的生物，但是永远不要忘记尊重动物、植物，并且热爱我们共同的家园——地球。

咱们参观完3D史前博物馆了，你的心情是什么样呢？

爸爸，我一定要好好学习，长大了我也要做一个古生物学家！

Password

🔒 史前密码

　　3D史前博物馆为我们讲述了这么多史前生物的故事，看了这些你有什么想法呢？从史前生物的灭绝你想到了什么？从原始人类与史前生物共存你想到了什么？把你的想法写出来，并且学着爱护身边的动物、植物吧。

图书在版编目(CIP)数据

史前密码/袁毅主编. —武汉:武汉大学出版社,2013.1(2023.6重印)
(图说科学密码丛书:彩图版)
ISBN 978-7-307-10461-7

Ⅰ.史… Ⅱ.袁… Ⅲ.古生物-少儿读物 Ⅳ.Q91-49

中国版本图书馆 CIP 数据核字(2013)第 022689 号

责任编辑:吕 伟   责任校对:杨春霞   版式设计:王 珂

出版发行:**武汉大学出版社** (430072 武昌 珞珈山)
(电子邮箱:cbs22@ whu. edu. cn 网址:www. wdp. com. cn)
印刷:三河市燕春印务有限公司
开本:710×1000 1/16 印张:10 字数:60 千字
版次:2013 年 1 月第 1 版 2023 年 6 月第 3 次印刷
ISBN 978-7-307-10461-7 定价:48.00 元